為何到最後，還是需要中醫？

廖少明中醫師 —— 著

養育孩子的父母們、
追求身體健康者、
各類病患者、
關心流行疫症者、
醫療工作者、
中醫業者……

都應該一看。

一本破解醫學謬誤、
顛覆不合理醫療陋習的書。

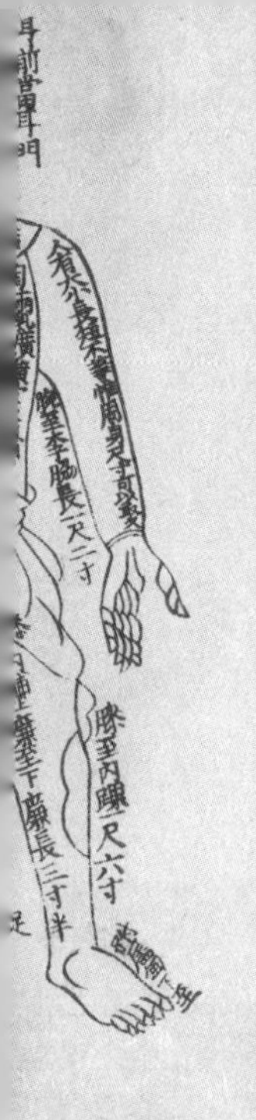

青森文化

目錄

序 10

第一章

中醫學術是人體自療自愈機制的研究 22

一、症狀是身體自我糾正、自我恢復的表現
二、症狀是生命力的表現
三、盲目遏止症狀的禍害
四、遏止症狀，盲目退熱，對嬰幼兒童的禍害
五、西醫治療外感，無法治療、無為而治與後遺症
六、免疫機能被摧毀削弱後的無力抗爭
七、傳統中醫學術對外感症狀背後病機的深耕細挖
八、《傷寒論》闡述人體自外而內不同層次的病理反應
九、傳統中醫治療協助身體整體自療自愈，從而令病症減輕與消失
十、隨著大自然億萬年的演化，人體本具強大的自療自愈機能

第二章

西醫藥對治症狀的禍害 40

一、人體抵抗力、免疫力日常的起伏變化
二、西醫藥治療症狀，但同時削弱摧毀人體的免疫機能
三、嬰幼兒童免疫機能被削弱摧毀後的表現
四、手術切除病灶與器官組織，玉石俱焚

第三章

濕疹、哮喘、禿頭、免疫系統病態亢奮疾病 54

一、濕疹、免疫機能病態亢奮疾病的成因

二、對証中醫藥治療免疫機能病態亢奮疾病的轉歸與預後

第四章

高血壓 62

一、高血壓疾患的成因

二、對証中醫藥治療高血壓疾患的轉歸與預後

第五章

糖尿病 70

一、胰島素欠缺與失效

二、近代名人胡適的糖尿病醫案

三、辟穀斷食是否有效，2016 年諾貝爾醫學獎得主大隅良典有解釋

第六章

婦科、月事、不孕 78

一、不孕與傷風感冒，中醫治療水平的評估

二、經早、經遲、痛經，月事反映著身體整體的健康狀況

第七章
暗瘡、痤瘡 86
一、暗瘡、痤瘡是青春的錯嗎
二、中醫學術的另類觀點

第八章
癌症、骨轉移痛症 90
一、有說癌症病患大多是被嚇死的
二、中醫治療癌症骨轉移痛症

第九章
中醫學術的迷霧與誤解 94
一、對藥量使用的誤解，與必需原方原量的誤解
二、誤解方劑用藥味數要少
三、外感是有餘之証，只瀉不補。內傷是不足之証，只補不瀉
四、斂邪
五、陰虛火旺
六、藥有三分毒，評估中醫治療是否對証
七、藥不瞑眩，厥疾弗瘳，中醫療效的誤解
八、「熟讀王叔和，不如臨症多。」中醫年紀越大療效越佳

第十章

中醫學術的轉折 118

一、成方、溫補治療、中醫學術的歧途

二、溫病學派的興起，溫病瘟疫的治療

三、對溫病學派的異議

四、溫病學派治療的缺失，溫陽學派的再現

第十一章

傳統中醫學術的終極關懷 136

一、與大氣中微生物和平共存

二、健康長壽的主要關鍵

三、「健康」的帶菌帶病毒者

四、免疫機能低下表現的不典型症狀

五、病毒潛伏期與人體內在正氣、免疫機能有關，並無固定期限

第十二章

外感疾病、溫病、瘟疫、病毒性傳染性肺炎 144

一、以寒治溫的不濟

二、對治症狀，壓抑症狀，病邪深入，心力衰竭

三、外感入裡、無典型症狀、心力耗損猝死的疑似案例

四、中醫治療溫陽強心，能救治疫病危急重症

五、整體治療，治愈外感病毒瘟疫的出路

六、新冠病毒性肺炎、疫症

七、下呼吸道疾病與肺炎死亡率

八、瘟疫政治學

九、愈後復發而亡，確診與治療的疑惑

第十三章

人痘，疫苗，潘多拉盒子 160

一、流感或類流感病毒預防疫苗是否有效
二、群體免疫是否有效
三、近百年的主流西醫藥摧毀削弱人體免疫機能，令群體免疫失去意義
四、對証有效的中醫藥治療，黯淡的希望

第十四章

治療新冠病毒肺炎的肺炎一號方與清肺排毒湯 168

一、清肺排毒湯的局限
二、療效成疑

第十五章

治療新冠病毒肺炎輕中重症的效方 174

第十六章

中醫的發展與近現代政治經濟變遷 178

一、中醫學術的根本
二、中醫學術在東亞
三、廢棄中醫
四、中醫藥、地方醫藥、鈴醫藥
五、現代中醫藥的困境
六、沒有商業壟斷寡頭背後支撐的中醫業界
七、商業資本與政治的結合
八、中醫整體治療與病毒戰

第十七章
中醫的現狀與展望 202
一、可有可無的擺設，猶如傳統武術在現代擂臺被一擊即潰
二、中醫的教學
三、針灸與方藥
四、中醫與國運

第十八章
為何到最後，還是需要中醫 212
一、科技寡頭的壟斷與操控
二、日益急速膨脹的全球醫療市場
三、中醫整體治療、恢復完整的免疫機能

序

現代醫學、或西方醫學，在急速的科技發展加持下，可說是一日千里，在這樣的大氣候大環境下，仍然鼓吹傳統中醫的優越性、有效性、可行性，是需要很大的勇氣，與有很強很堅實的療效作依據。

日本近代漢方大師湯本求真（1876-1941）於 1927 年著作《皇漢醫學》自序中提到「乃知此學雖舊，苟能抉其蘊奧而活用之，勝於今日之新法多矣。無如舉世之人，競以歐美新醫相矜炫。中醫之傳，不絕如縷。此余所為日夜悼嘆者也」。

湯本求真原習西醫，明治三十四年（1901）畢業，之後自設診所，至明治四十三年（1910）「長女以疫痢殤，恨醫之無術，中懷沮喪，涉月經時，精神幾至潰亂。偶讀先師和田啟十郎所著之《醫界之鐵椎》，始發憤學中醫，經十有八年，其間雖流轉四方，窮困備至，未嘗稍易其志」。

1927 年至今已近百年，隨著科技一日千里急速發展，生化學、藥物學、病原學、遺傳學、免疫治療、基因治療、體檢診斷手術儀器設備等等諸多相關學科與工具器材的發展，已非當年湯本求真所能想像，但遺憾的是近百年之後，湯本氏的說法與慨歎並未過時，仍是現今醫療世界的實況。

現代西方醫學能夠急速發展是建基於近二百多年科學進步引發的數次工業革命，從茫無頭緒到顯微鏡了解微觀世界……

青霉素對治細菌……外科手術切除病灶……遺傳因子的破譯……。始終的大前提大原則是從微觀的角度直觀地對治身體的局部症狀、移除病灶、消滅病原。

然而，局部症狀的治療、移除病灶、消滅病原，並不等如身體整體疾患的治愈，亦因此，儘管約近百年西醫對治症狀的藥物如百花綻放般層出不窮，治療基本停滯在症狀的消除或減輕、消滅病原、移除病灶，卻並無能力改變身體整體失衡導致發病、導致症狀的身體不健康狀況。療效仍然是差強人意，而治療費用卻日見高昂。

反觀流傳數千年的傳統中醫學術，以身體整體治療為大原則，儘管理論與方法似是千年如一日，並無根本性突破性的大改進，對諸多西醫治療差強人意的疾病，卻往往能有令人驚訝的良好療效。

差強人意的西醫療效與化學合成藥物的副作用，令更多人願意嘗試較為自然、使用天然草本藥物為主的傳統另類療法，中醫治療便是其中的主流。

但遺憾的是人們會發現中醫治療水準亦參差不齊、差別巨大，療效往往大多也是如西醫般差強人意，病人唯一的安慰似是藥物大多是天然草本，對身體的副作用似較化學合成的西藥會少些或間接些。

中醫自古或要檢視糞便，似是**地位低微**，是不為良相，才會考慮為良醫。亦常是科舉仕途不利，生活不繼，才會考慮從醫。可以想像**自古難有一流人材從醫，亦因此醫學進步緩慢**。似是在動蕩戰亂之時，讀書人仕途無望，才會鑽研醫學，惠及旁人。如東漢末年張仲景（150-219）編撰《傷寒雜病論》，金元時期有四大家提出醫學新理論，明末吳又可（1582-1652）著《溫疫論》，明清人口急增、社會動蕩、疫症橫流下，衍生出溫病學派。

簡約多義的古文易衍生不同誤解，導致從古至今中醫學術理論歧見不斷。準確有效的學習理解與治療變得困難與見仁見智，所謂神醫、能醫、良醫並不多見。如中醫學術的根本經典《黃帝內經・素問》第七十一篇〈六元正紀大論〉中已預視並提到：「**知其要者，一言以終。不知其要，流散無窮**。」知其要者自古並不多見，但流散無窮，即不同程度或形式的誤讀、誤解、誤治，或類似西醫治療令表面症狀減輕的「療效」或無效，卻是更全面的寫照。

古代由於微觀對治的科學技術工具欠缺，人們並無能力發見病原病因。建立中醫學術的先聖們只能從天人合一、整體宏觀的角度，去研判症狀與身體總體失衡的關係，從而治理疾病。如同樣是咳嗽症狀，在不同體質、不同時空發病的病機，証候可以千差萬別，因而對証治療的方藥亦會完全不同。亦因為病機証候到處方用藥的判斷分歧，導致不同醫生對同一咳嗽病人所開的方藥可以完全不同。千差萬別的理解與治法方藥亦令療效也參差不一。

但無論如何，傳統的中醫治療是不會像西醫般，以一種純粹治療症狀，對治咳嗽的咳嗽藥給不同的病人服用。

西方醫學的興起，抗生素、殺菌殺蟲藥的興起，人類與蟲菌的競爭中似是暫時勝出，令人類社會可以進入很大程度免除蟲菌威脅的現代社會的衛生狀態。人與蟲菌之間進入了新的平衡，人口因而大幅增長，人的平均壽命亦大幅延長。有研究指出現代社會人類的平均壽命，由 100 年前約 50 歲延長至現今約 80 歲，這幾乎可以完全歸功於社會進步、現代科技與西方醫學、大幅解除蟲菌威脅，配備部分疾病的預防疫苗，與改善社會衛生環境所致。

但亦類似在草原上，人為地善意鋤強扶弱獵殺狼群後，打破了生態平衡，沒有天敵的篩選捕殺，野兔大幅繁衍，卻平均體質下降，草原亦因野兔的過度增長急速掠食而荒漠化。這亦似是現在地球的寫照，地球人口在 100 年前不到 20 億已增長至現今超過 70 億，而地球亦處於一個資源被急速過度開發，與環境被失控地嚴重污染的狀態。可能更迫切的是過度使用不同種類抗生素或廣譜抗生素多年後，導致病菌普遍產生強大的耐藥性，具耐藥性的超級惡菌出現似會令抗生素失效，使西醫藥局部對抗式治療無以為繼。

對比病菌體積更小的病毒引發疾病，西醫藥能提供部分病毒預防疫苗，卻沒有如抗生素對治病菌般、對治病毒的藥物，所以並無方法治療。但卻是主張總體治療、調整、增強身體自身整體正氣、抵抗力、免疫力、自愈力的中醫藥的強項。

人體自身的自愈效能、免疫效能，似與病原體體積大小有關，人體對病毒性疾病的自愈能力似比細菌性疾病要高。而中醫藥治療的大原則，是著重從整體角度出發，調整改善身體整體的自愈能力，亦即增強自身的抵抗力或免疫力，亦因此中醫藥對病毒性疾病的治療效能似高於細菌性疾病。

細看一些細菌性疾病，典型如肺結核，中醫治療效果似普遍不佳，要到 20 世紀相關的西醫藥抗生素與預防疫苗出現才算暫時解決問題。是的、是暫時，因為病菌的耐藥性會隨著時間逐漸演化形成，令抗生素失效，新的、更強的、對肝腎損害更大、副作用似更多的抗生素亦隨之會被研發使用。帶出的問題是抗生素與病菌的耐藥性競賽似會無休止地走下去，但人體對新藥的承受力能否跟隨？

中醫治療某些細菌性、真菌性疾病似是難度較高，但並非不能，只有當中醫業者能對不同患者的體質証候演變全過程有較正確的診斷與治療，才有望能成功。中醫治療細菌性、真菌性疾病也應該是從調整身體整體失衡，增強自身免疫力的方向出發。好處是並非局部，而是身體整體大環境經治療得到改善，從而令局部症狀減輕、消失、痊愈，且不會干擾病原體的自然演化，不會有類似使用抗生素令病菌產生耐藥性的惡性循環出現。

對較難治療的疾病，古代先賢前輩們都會根據中醫學術、醫理，努力研究，提出治療方法，為人們碰到的疑難疾病奮力前行。如明龔居中《紅爐點雪》、汪綺石《理虛元鑒》、梁學孟《痰火顯門》、張昶《癆瘵問對》……等等，都是研究治療肺結核的專著。明沈之問《解圍元藪》是研究治療麻風專著。明陳司成《霉瘡秘錄》是研究治療梅毒專著。清鄭奮揚《鼠疫約編》、余德壎《鼠疫抉微》、郁聞堯《鼠疫良方匯編》……是研究治療鼠疫的專著。明清時期研究治療外感溫病瘟疫的專著更是讀不勝讀。

中醫藥並非不能治愈肺結核，只是能全面領悟明白個中醫理的業者並不普遍，有效的治療方藥需按不同時空、不同體質、不同狀態的証候變化而改變，並沒有人人皆可、時時可用的固定成方。似亦因此成功例子也並不普遍，但中醫藥是完全可以有效治愈肺結核，並非是近百年前人們所稱的近似絕症。

有說中醫學術並不科學，如果我們定義「科學」只是現代的微觀科學，那可能是對的。但也有說醫學並不等如科學，我是有深切體會與認同的。醫學是人體整體的治療。人體可類比作大宇宙中的小宇宙，如果我們承認相對於浩瀚難解的大宇宙，經數以十億年從無機元素至有機蛋白至單細胞演化而成複雜難解的人體，亦是難以被人類自身發展二三百年的稚嫩微觀科技，可以完全破解與治療的小宇宙。

醫學不等如科學，並不是說醫學不需要合乎科學與常理，很多常理至今仍沒有科學的解釋。科學進步應該能使越來越多現象與常理得到解釋。但近數十年的經驗是所謂科學的解釋，亦因科學不斷進步，而需要不斷被調整修正改變，似是明日科學的我將會不斷地打倒今日科學的我。科學治療人體的西方現代醫學亦似是如此。

人體內在時刻發生著無盡的生化反應，微觀科學對人體內在了解儘管近百年來突飛猛進，至今仍似在初始階段，並隨著逐漸更深入了解而不斷修正。反觀**人體在疾患時的宏觀整體與局部反應，中醫學術數千年來已有深刻的觀測了解與總結出規律，並能利用大自然的本草藥石有效地調整與治療身體的整體內在失衡，令疾患痊愈。**

細看古籍，會發現中醫學術的先聖們，也曾希望尋找病因病原，從而簡單直觀地如西醫般對治消滅病原病因而治愈疾患。如中醫學術的根本經典《黃帝內經》也有記載古代對人體解剖的記錄，似是在尋找身體內在的異常與病因，但缺乏微觀工具，這些嘗試都是徒勞。但先聖們並沒有因而卻步，似是仰望天際、俯覽大地病患眾生，苦思冥想後，有更進一步的領悟，並在沒有微觀科技的數千年前為後世中醫學術開闢與奠下了一條天人合一、宏觀的、整體觀的、合理可行的、早熟的醫學大道，所以是「先聖」。

先聖們發現**無論病因病原如何千變萬化，人體的反應雖也不盡相同，卻似有一定的規律**。與其在無任何憑藉下追尋無窮無盡、難以窮盡的病原病因，然後再針對每一病原病因一一研究，逐個找尋對應治療，倒不如研究觀測身體在無窮無盡、各種各樣不同的病原病因下、致病失衡下的發病反應規律，與利用大宇宙中的本草藥石，調整身體小宇宙的病態失衡反應，協助身體恢復平衡，恢復正氣，恢復抵抗力、免疫力、自愈力，克服病因病原，並恢復健康。

反觀西方醫學，在近代微觀科技的加持下，有效地對治蟲菌，為部分創傷急速嚴重的病毒性疾病提供預防疫苗。但蟲菌會演化出耐藥性導致藥物失效，對流行廣泛與演化迅速的病毒性疾病、疫苗效用成疑。對於大部分流行廣泛的疾患，**西醫治療大多是對治症狀而已。身體產生症狀的內在訴求與總體失衡實況，西醫藥似並無能力治理**。局部的症狀治療似是科學化，卻很多時漠視了身體整體宏觀的需要。這似是處理改變局部症狀，但同時因藥物副作用令身體整體付出代價的「科學」，並不是治療人體、協助人體整體恢復健康的醫學，被批評為「頭痛醫頭，腳痛醫腳」，是很有道理的。

近代有見於中西醫似是各有所長，有提出中西醫結合，即所謂「新醫」的訓練，但效果似並不佳。除非是研究需要，否則中西醫理論方法目標概念各異，勉強揉合應用猶如水溝油般結果並不理想。況且中西醫學各自課程繁重，要精於其一已非易事，何況要兩樣精通並揉合為一。現代中醫教學有約四成是現代醫學基礎，如解剖生理、病理、藥理等等，令中醫業者對現代人體與醫學有科學的認識已然足夠，但鼓勵並容許中醫可以不專注本業，可以處方西藥的做法卻是很值得商榷，這會令中醫業者不能專心致志純以中醫藥方法治療病人，大大降低中醫業者研究純中醫藥治療效能的動力，亦大大影響中醫學術的發展。

在西方，主流醫學已被寡頭醫藥集團壟斷，不會容許中醫成為社會法定醫療體系參與競爭。社會大眾一般對中醫藥亦並不太了解，更不要說中西醫結合。民間會有不滿西醫療法與西藥副作用而尋求另類療法，並接受中醫，但卻難以成為主流。

古代中醫學術是建立在天人合一與身體是一個整體的宏觀整體概念上，並不是微觀科學。國人傳統的宇宙觀與人體概念似要到近一二百年中西文化碰撞，才受到西方文化科技的逐漸同化與改變。**中醫學術的進步是應該隨著時代改變、人類文化**

交流下人類對天人合一、宇宙觀、身體整體概念的宏觀理解進步而進步，不應該抱殘守缺，仍然不明所以地只講陰陽五行。科學進步似可以逐漸協助中醫了解與解釋中醫藥治療效能的微觀過程與道理所在。猶如牛頓力學、地心吸力的闡述能解釋人在虛空會重墜的原因般。

中西醫應該各自發揮所長，外科手術、微觀的體檢診斷、婦產、急救，與其它中醫處理不了的疾患，仍是以西醫優先治理為佳。

現代的都市疾病，大多與人體自身免疫或免疫異常有關，西醫對免疫低下、免疫異常、外感、病毒性等相關疾病的治療並不理想，亦並不適當。西醫藥壓抑與對治症狀的治療摧毀人身體本具的正氣、元氣、免疫機能，使病人身體衍生出更多、更廣泛、更複雜、更深遠的奇難雜症，甚至是絕症。令更多人更早陷入無盡的治療之中，並需負擔沉重的醫療費用，這亦似是在西方寡頭壟斷醫藥集團早已構建的宏大長遠市場擴展計畫之中。

西醫從業者大多是社會精英知識分子，奈何西醫所倚賴的醫療手段、藥物儀器設備等等都是來自以利潤與市場最大化為優先的西方商業寡頭壟斷醫藥集團。所處位置決定思考，西醫的多年訓練、思考與習慣、先入為主的概念，令大部分人無從擺脫，有清醒與理想想擺脫者亦沒有其它治療手段可以選擇。

對現今社會精英知識分子爭相投身西醫行列的現象，不禁令人想起寡頭們亦會恍似唐太宗般，看見古代知識分子參與科舉考試爭相為官，得意地說：「天下英雄入吾彀中矣。」不同的是唐太宗的目的是為了治理天下，寡頭壟斷醫藥集團的目的卻是要治標不治本地永遠壟斷醫療市場，與操控擴展病患群眾。寡頭壟斷醫藥集團的政治遊說，對社會公共醫療衛生的深遠影響、傳媒洗腦、與現代的普遍的醫療狀況是迫切地需要社會關注與研究檢視的。

中醫根據現代教學的教材治療療效亦並不理想。但如果我們能從現代的天人合一與身體整體概念去解讀中醫，排除千百年來的誤讀誤解與迷霧迷思，重現中醫的核心精要，那七八成或以上的現代都市疾病、免疫異常、免疫低下、各類外感、病毒性相關疾病、疫症，中醫藥都能有很好很理想很確切的療效，並能有效地改善人口體質、增進健康、大幅降低常見慢性疾病病發率，這是現代西醫治療難以做到的。

這亦是**本書寫作的目的，是嘗試從現代的角度闡述中醫藥治療現代都市疾病的優越性、有效性與核心精要**。如中醫治療的有效性與比重增加，人群總體健康將會改善，慢性病患與無症狀病毒感染者亦會大幅減少，能大大減輕現在社會對主流醫療服務的需求壓力與社會財政支出。因健康問題、醫療問題引發的社會的負面情況亦會減少。祈望有更多有志於治療人類疾病、改善人類健康的社會精英能投身中醫行業。祈望能令在苦海浮沉的中醫業者與病患者能更進一步，獲得更理想的療效。

是為序。

廖少明

2019 年 11 月 5 日

於

香港九龍

本生堂

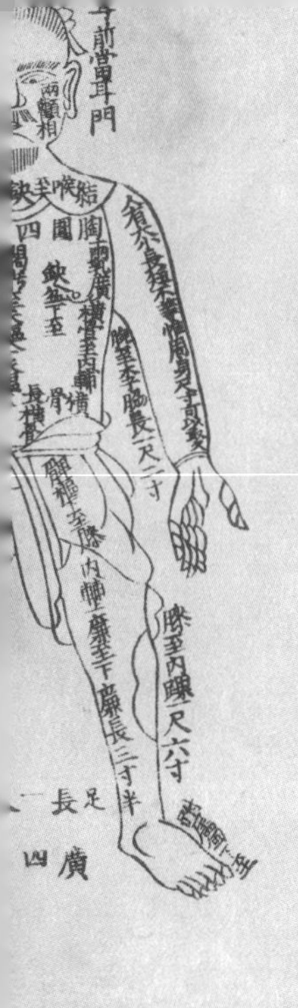

第一章

中醫學術是人體自療自愈機制的研究

人類經過數以百萬年演化，身處在大自然大氣之中，除了直觀的蛇蟲鼠蟻猛獸敵人襲擊、跌扑損傷、誤食等對軀體健康的威脅外，更重要的威脅是全天候身處在大氣之中，無法躲避、肉眼亦無能辨識的與微生物無間斷的接觸與侵擾。除已演化發展出共生無害關係的部分外，為應付有害微生物入侵，人體演化出如內外防護罩般的免疫機能，亦即是中醫所說的正氣、衛氣、衛外機能或抵抗力。

當人體的正氣、衛外機能、抵抗力稍有低下，亦即免疫機能低下、不在狀態、無力抵抗，微生物、病毒等便會剎那間突破防線、乘虛而入，侵入人體，引發人體抵抗的症狀反應。

數千年來傳統中醫對此已有真確寫實的描述。惡寒、發熱、汗出或無汗、鼻涕、鼻塞、咳嗽、嘔吐、瀉下等等。中醫描述發熱為正氣與邪氣相爭的表現，現代科學的解讀是身體免疫系統進入應激狀態，對抗入侵病原微生物的表現，汗吐下咳嗽痰涕是身體排除外邪入侵者的自身防衛機制。

按中醫根本臨床經典《傷寒論》的闡述，將人體從內而外分為三陰三陽六個階段層次，外邪突破第一道防線「衛氣」後，便會進入三陽經的太陽、陽明，治法可用傳統治療八法中的汗吐下清四法。未能治愈的話，外邪便會進入半表半裡的少陽，治法有和法、和解之法，再不成功，便會再深入三陰，即太陰、少陰、厥陰，會傷及臟腑，治法有溫清消補，也會有用下法的時候。

病在太陽、陽明，會有典型的外感症狀，如惡寒、發熱、汗出或無汗、鼻涕、鼻塞、咳嗽、嘔吐、瀉下等等。但如失治、誤治或體弱、抵抗力弱、免疫力弱的話，病邪便會留連在少陽或進入三陰，即更深入體內，症狀已不是典型的外感症狀。

西醫藥的外感「治療」，從中醫學術的角度，並不是真正的治療，只是對治症狀，消除或減輕在身體表層太陽、陽明的症狀，亦即是消除或減輕典型的外感症狀。但這正猶如是自廢武功，解除身體自身對微生物病原的抵抗，排斥抵抗與免疫抵抗，令病邪在再無排斥、再無抵抗下，輕易地長驅直入人體深處，直入三陰，滯留體內，對身體造成常是難以彌補深遠的損害。

一、症狀是身體自我糾正、自我恢復的表現

症狀是身體想要完成某些工作的表現，常是自我保護、是消滅或排除驅走病邪、努力自我恢復的表現。亦可理解是身體給我們的訊號、與我們的溝通。中醫藥治療是協助人體去完成想要完成的工作，協助人體恢復或加強正氣、抵抗力、免疫力、對抗入侵病邪，與協助排外機能排除病邪。亦即是協助人體完成自我治療的工作。

西醫卻是以症狀為治療目的，以對抗治療、消除症狀為治療方法，如退熱、止咳、除痰、消炎、止瀉、止嘔……。猶如民國李宗吾先生大作《厚黑學》中提到的鋸箭法。中箭傷者找醫生治理，醫生鋸掉皮肉以外看得見的半截箭身，看不見了便當作治愈。

明代醫家張景岳（1563-1640）的著作《景岳全書》中〈論治篇〉提到的古訓治療法則是反對只顧治療症狀的簡單直觀對治方法，原文是「醫診治法有日：見痰休治痰，見血休治血，無汗不發汗，有熱莫攻熱，喘生休耗氣，精遺不澀泄，明得個中趣，方是醫中傑，為醫不識氣，治病從何據，堪笑道中人，未到知音處」。

這亦是對中醫經典《黃帝內經・素問》第五篇〈陰陽應象大論〉中的一句「治病必求於本」的進一步闡釋。忠告**中醫業者治療必需研究探求症狀背後的原因、動力與疾病的根本，不可盲目遏止症狀。**

症狀是身體對抗病邪、努力自我恢復的表現。

二、症狀是生命力的表現

一般人對症狀普遍有畏懼之心，覺得症狀顯示身體出現了問題，不及時處理或嚴重者會影響身體健康甚至危及性命。會擔心害怕，以為解決了症狀便等如解決了身體的問題，因而想盡辦法儘快消除症狀。但這不問根由治標不治本、消除症狀的做法，或因急於消除症狀而過度治療的做法，常會對身體造成難以想像的損害。

症狀往往只是疾病的表象，消除症狀亦往往不等如治愈疾病，不問根由與病因病機，強行消除症狀猶如遮掩與阻斷身體給我們的提示與溝通，無視與摧毀身體的訴求與自我恢復的努力。事實是症狀除了是身體自我保護與努力自我恢復的表現，亦常是生命力的表現，生命力低下的人往往不會有強烈症狀。

如年少健康、免疫正常，外感被病毒入侵時身體會有強烈反應，如高熱、倦怠昏沉、無力起床、劇烈上呼吸道症狀……等等。但年老體弱免疫低下的往往只有倦怠不適、或夜間不寐，不會有太明顯或激烈的典型外感症狀。

見過一些長者自稱身體非常健康，二三十年從無病痛，從不需要就醫。但經細察、望聞問切四診過後，發覺已是免疫低下、精神萎靡、生命力低下，外邪外感病毒在無阻擋下長驅直進，免疫機能亦並無能力有強烈明顯的抵抗反應，亦因此沒有典型的外感症狀。其實是已被入侵外邪滯留寄生，長期處於「被擁有」、被侵蝕與受損耗的狀態，亦即是傳統中醫所謂虛人外感、裡証、伏邪的狀態。

三、盲目遏止症狀的禍害

西醫藥治療對治症狀、遏止症狀，藥物的生化反應、微觀局部似是科學的，但卻常是違反身體整體自我恢復的本能與意願、違反醫學、違反人體整體生理，對人體造成難以彌補的損害。

都市疾病中最常見的外感，傷風、感冒、流行性感冒、病毒性感染，症狀常見如發熱、咳痰、鼻涕、腹瀉……等等，是身體免疫機能對抗病毒與排斥病毒的本能表現。微觀對抗式治療壓抑消除症狀，猶如令身體不再抵抗。退熱強令在應激狀態對抗病原病毒的免疫機能平伏下來，不再對抗不再消滅病原病毒，止咳收鼻水止吐瀉猶如停止身體的排毒機能，讓病邪停滯體內。於是病邪便可以更無阻擋地、長驅直進，進入身體深處，對身體造成損害。

四、遏止症狀，盲目退熱，對嬰幼兒童的禍害

對於嬰幼兒童，西醫藥遏止症狀治療造成的禍害常是難以彌補的。症狀可能會暫時消失或減輕。但外邪、病毒仍然深深滯留，身體遠未痊愈，由於免疫機能被退熱壓抑，常很快地便會有新的感染，與症狀重現或加重。常見一些幼兒初起發熱咳嗽咽痛，被診斷為外感、咽炎，服退熱藥、抗生素後，症狀緩

解，似是好轉痊愈，但仍常有精神萎靡、狀態不佳、夜睡不安、盜汗等隱晦症狀，常見很快便會再發病，外邪層層深入，會發展成更深入的氣管炎、支氣管炎、肺炎……或其它更深入的變症。

也有體質較強的、或外邪侵入性毒害性較厲害的情況下，服退熱藥期間仍反覆退熱發熱，其實是免疫機能被退熱藥壓抑後退熱，藥力過後身體仍再有能力嘗試恢復發熱抗邪的表現。但在持續服藥退熱壓制下，免疫機能遭不斷被削弱下最終也不會再明顯發熱或反覆發熱。**或會轉為夜睡活動靜止時，身體正氣、免疫系統仍能集中能量抖擻餘力抗邪下，發熱汗出。中醫稱之為「盜汗」**。這也是現今大部分嬰幼兒童經西醫藥治療後身體的實況表現。

家長們都非常害怕嬰幼兒童發燒發熱，一有發燒發熱便會馬上服退燒藥退熱，因怕會引致腦膜炎「燒壞腦」。這也是近數十年來人們常聽到與深刻銘記的醫學「常識」，亦是已深種在一般家長腦海裡害人不淺的謬論。所以孩子一發熱便要馬上退熱，諷刺的是，正是因為不斷退熱治療令免疫機能不斷被削弱至無能再抵抗下，外邪才可以長驅直進地深入三陰臟腑，影響心腦腎並引起嚴重變症，如腦膜炎、腎炎、心肌炎、心瓣膜炎等等。**對証的中醫治療是完全可以在兩三帖藥間有效地全面整體治療、並治愈外感高熱。**

但很遺憾能對証的中醫治療並不普遍，實況甚至是甚為稀有。常見的卻是用西醫概念去使用中藥，是用中藥去針對治療症狀的「中醫治療」。更諷刺的是與西醫不同，中醫能否對証治療並不一定與學歷有關。

五、西醫治療外感，無法治療、無為而治與後遺症

在歐美先進國家，西醫治療外感似已盡量不用退熱藥、抗生素等，甚至聽說有不給藥並只建議回家休息多飲水。其實是在說西藥對病毒性疾病並無療效，有益有建設性、可以做的，便只是回家休息讓免疫機能恢復與自愈。香港近年也有衛生部門宣傳說，外感是病毒引起的疾病，抗生素只能針對病菌，對病毒無效，建議不要濫用抗生素，卻沒有提到退燒藥。

一般如果是身體健康、免疫正常的嬰幼兒童或青壯年，外感病毒入侵、身體機能奮力抵抗，發熱時遭受西藥退熱遏止，病毒會更深入體內。但如果身體有足夠休息下，免疫系統慢慢亦可能恢復、產生對應的抗體消滅病原病毒而自愈。但身體的免疫機能會隨著每次的退熱、對治症狀治療、被削弱，最終會發展到**就算有新外感，也不會有明顯症狀與發熱，這是免疫機能被嚴重削弱的表現。**

從西醫的角度，治療令感冒症狀消失了，便算是治愈了。外感病毒性疾病無藥可治，多些休息吧，治療的目的只是舒緩

減輕症狀，希望能令病人舒服些好過些而已。痊愈與否只能靠病人自身的抵抗力、免疫力。不能自愈或有其它變症似亦只能是見一步行一步。

常見一些患者經常有一些噴嚏鼻水，但並無其它典型的外感症狀，西醫會診斷為「鼻敏感」，並會處方些抗敏感藥，一般都並無療效，病人大多也會不了了之。

也會見到經常有一些似是間歇咳嗽的患者，也沒有其它典型外感症狀，西醫也診斷不出是什麼病，常會建議病人檢查肺部，看看是否肺結核，結果常也不是。

也有一些長期泄瀉的患者，也沒有其它典型外感症狀，西醫處方止瀉藥時可能有效，停藥後症狀如故，病因亦似是不明。

六、免疫機能被摧毀削弱後的無力抗爭

這都是身體整體免疫機能低下，外邪、病毒入侵，但身體已沒有能力作完整強烈全面的排斥抵抗與免疫抵抗的表現。只有不完整微弱的排斥抵抗與免疫抵抗，即間歇噴嚏鼻水、或咳嗽、或泄瀉、或間歇或持續性的低熱燥熱。從西醫的角度，沒有其它典型外感症狀，那只能是鼻敏感；確診不是肺結核的間歇咳嗽亦只能是病因不明；或脾胃差消化力弱、體質問題引起

的泄瀉。請早睡早起，多吃水果，多做運動吧。持續低熱、燥熱不怕冷可能是因為多吃了煎炸熱氣食物，甚至是體質好、熱量充足、不怕冷的表現。

七、傳統中醫學術對外感症狀背後病機的深耕細挖

但從中醫學術的角度，外感並非只是典型外感症狀那樣簡單，外邪在陽經時會有典型外感症狀，治療不當外邪便會深入體內、進入陰經，症狀可以完全不一樣。真正的傳統中醫並不會簡單地認為外感典型症狀消失便是痊愈，只有通過望聞問切四診，完整診斷過後，才可以判定是真正痊愈或是外感病邪已深入體內，進入三陰的外感「裡証」。

傷風感冒在西醫廣闊的疾病頻譜分類中似只是簡單與頻寬極狹的一種疾病，沒有典型的外感症狀，便已不是傷風感冒。

但在古代中醫傳統的疾病分類中，只有外感與內傷雜病兩大類。如約兩千年前張仲景編撰成書的《傷寒雜病論》，是中醫最重要的根本臨床經典，便是這樣分類。該書分為治療外感的《傷寒論》與治療內傷雜病的《金匱要略》兩部分。兩部分篇幅相約，而《傷寒論》自古至今是更重要的部分，是以六經辨証理論闡釋外感病邪自外而內、由淺至深、進入人體的六個不同階段層次，分別是太陽、陽明、少陽、太陰、少陰、厥陰，

與在不同階段層次所造成不同的病機証候、與多種變証的治療方藥。亦即是闡述外感病邪侵入人體自外而內不同層次、人體的病理反應規律與治療的理法方藥。

所謂裡証變証其實常與現在一般理解的內傷雜病表現類似，因為身體表現已不是典型的外感症狀。

八、《傷寒論》闡述人體自外而內不同層次的病理反應

現代整理的《傷寒論》六經部分的經文有 381 條，由外而內六經的篇幅：

太陽：1 — 178（178 條文）
陽明：179 — 262（84 條文）
少陽：263 — 272（10 條文）
太陰：273 — 280（8 條文）
少陰：281 — 325（45 條文）
厥陰：326 — 381（56 條文）

闡述外感傷寒，其實是泛指各種各類外感病邪病毒感染，包括傷風、感冒、流感、類流感、冠狀病毒感染、溫病、瘟疫等等由外而內、不同階段層次身體的病理反應規律與治療。亦即是不同階段層次的本証、變証、治療的理法方藥。可以看到大部分篇幅是闡述三陽經的治療，在 381 條文中佔 272 條。闡述三陰經的治療只有其三分一多點，共 109 條。

可以想像在外感初起時，身體機能與資源仍未有太大損耗，正氣基本仍在的時候，抵抗與反應的手段與力度都會較多較激烈，症狀會表現得較嚴重。如果失治、誤治，即沒有治療或治療錯誤，也會引發較多不同的變証，需要不同的糾正治療。所以篇幅相對較多，約佔七成條文。

當病情演化不利，病邪進入三陰、身體的深處之後，身體自身的對應手段已然減少，身體的反應亦已轉至較深層，表面的反應與症狀相對已沒有病邪在表層三陽經時激烈明顯，病邪在陽經汗吐下等治療或自愈方法已不太適用，篇幅相對較少，只有約三成條文，是可以理解的。

自古有醫家懷疑現在流傳的《傷寒論》並不完整，兩千年來經歷多次社會動蕩與戰亂很可能會導致有所散失，並且六經的篇幅太不平均，論述三陰治療的篇幅不應只有約全書的三成、應該與三陽相仿。另外論述少陽、太陰的條文也太少了，甚至懷疑條文的次序亦可能有錯亂，即所謂「錯簡」，因為在漢代或以前文字書寫主要是以竹簡串連記載的，竹簡容易因串連繩索斷裂引致次序散亂。

我並不太認同這種說法，原因如前談及，三陰症狀並不如三陽症狀明顯，在身體深處的治療方法似亦相對較少，論述篇幅較少是可以理解的。現代流傳的《傷寒論》最早成書印刷是在宋代，但在晉、唐已有一些重要的流傳記錄。西晉太醫令王叔和（210?-258?）曾整理編輯過《傷寒雜病論》，並在自己的著作《脈經》中記載了《傷寒論》其中的315條條文。唐代藥王孫思邈（541/581-682）的《千今翼方》記載的條文數已接近宋本。

還有歷代醫家在應用《傷寒論》治療時似並不覺得理論與療法有不完整，甚至極力肯定《傷寒論》的理法方藥的完備性與有效性，讚譽《傷寒論》能治各種病，並勉勵有志於醫學者要不怕困難，努力優先重點研讀。流傳至日本的中醫學術、即有千多年歷史的日本漢方醫學，也是以《傷寒論》的六經辨証與理法方藥為根本、為主流。

我不會否定現存的《傷寒論》或《傷寒雜病論》可能會有錯漏缺失，甚至次序有亂，畢竟是經過了兩千年來保存者們歷經動蕩戰亂、顛沛流離、無盡次數的流轉，但萬幸的是現存版本中六經辨証與方藥、理論框架與臨床實作的記錄仍算是完整的。

與錯漏缺失剛剛相反，歷代似有些自以為是的好事者，在流傳過程中冒張仲景之名附加了一些個人主張，增加篇幅，魚目混珠，為後世研究者添加了不少障礙。如《傷寒論》中的「傷寒例」、「辨脈法」、「平脈法」，有學者判定是後人偽造添加的，並非原著。張仲景的「自序」也懷疑是被添加改寫過，並不完全可信。

最後，現代學者只截取了最可信核心六經部分共381條文，作為現代版《傷寒論》的定稿。

約同時代的《漢書・藝文誌・方技略》亦有論及「經方」，即《傷寒論》所用藥方：「經方者，本草石之寒溫，量疾病之淺深，假藥味之滋，因氣感之宜，辨五苦六辛，致水火之齊，以通閉解結，反之於平。」描述經方醫家是以本草藥石為病患者作身體的整體治療，調整身體內部的失衡，回復平和健康。

有記載《傷寒論》源自商代丞相伊尹，有流傳是《傷寒論》前身、伊尹的《湯液經法》或其節錄本、南北朝梁朝陶弘景的《輔行訣臟腑用藥法要》，似是真偽難辨，但稍有研究與認知都難以相信是真本。看過前者似有相近，但無論內容結構都難以與宋本相提並論，更似是後人甚至是現今人根據宋本的偽作。後者更完全是另一回事，是以陰陽五行的治療理論並使用類近的藥方、即「經方」，與《傷寒論》三陰三陽的理論完全格格不入。兩者實在是等而下之的偽仿本，不應混淆。

可以看到自古至今中醫學術對外感疾病的理解與治療與現代西醫完全南轅北轍。外感治療不當，或**如西醫般治療減輕症狀、外邪便會更深入體內並衍生多種變証、雜病、奇難雜症**。這亦是為何現代各類雜病、慢性病、難治病症、絕症、奇難雜症會越演越烈，患病人口越見廣泛普遍的原因。這亦是現代西醫從不提及與從不承認的。

九、傳統中醫治療協助身體整體自療自愈，從而令病症減輕與消失

《黃帝內經》、《傷寒雜病論》等經典顯示自古中醫治療主要是針對身體的整體狀況，即在患病時不同階段、身體的整體反應規律，中醫稱之為「証」或「証候」。不同病人如果有相同的局部症狀表現，但身體整體的証候不一樣，即身體整體的反應狀態不一樣，治法亦不一樣。不同病人有不同的局部症狀表現，但如果身體整體的証候相同，治法亦會一致或類近。所以有所謂「同病異治，異病同治」的說法。《傷寒論》的六經辨証，便是身體在外邪入侵後，不同階段層次的身體整體反應規律的辨別。真正的傳統中醫很難想像可以像現代西醫治療外感般，用類似的藥治療不同病人的表面症狀，如對不同的咳嗽病人處方同一種止咳藥。

身體在患病時的整體或局部反應，亦正是身體自我恢復的本能反應。人類身體的特質亦局限了身體的病理反應，並有一定的規律。亦即是身體的自我恢復的整體本能反應是有一定的規律，這亦是中醫「証」的辨別與研究。不同的症狀，常是病理狀態在不同體質的表現。中醫學術的根本，第一是「天人合一、整體概念」，第二是「辨証論治」，是研究身體整體的病理反應規律，亦即是患病時身體自療自愈、自我復原的反應規律。真正的中醫治療並不是以治療症狀為目的，而是治療身體

整體狀態，令局部症狀背後的動力消失，令身體整體痊愈恢復健康為目的。中醫認為將身體整體治療至回復正常、平衡、陰陽平和、「陰平陽秘」、沒有病態反應，局部症狀自然會減輕與消失。

十、隨著大自然億萬年的演化，人體本具強大的自療自愈機能

西方醫學之父希臘的希波克拉底（公元前 460- 公元前 370）曾說:「本能是病人的醫生，醫生只是幫助病人的本能。」類似翻譯也說：「人體內自然的痊愈能源，是痊愈的最大力量。」是著重「自然界所賦予的治療力量」。是非常接近中醫學術的基本概念，很可惜並沒有獲得很好的發展，反而流傳到阿拉伯至中世紀得到發展。文藝復興時期希臘典籍從阿拉伯傳回歐洲，似亦沒有很大發展。理念是近似中醫的「理」，卻沒有發展出類似中醫學術般「理、法、方、藥」完整豐富的理論與臨床體系。

從無機元素、到有機蛋白、到單細胞、到人類，經過了數以十億年的演化，人類在宇宙之中、大氣之中與萬物分秒共處，人體自身亦不斷演化出與萬物、與大氣之中的微生物病原體的共處與自處之道。人體自身的自愈能力是巨大的，否則人類亦難以在經過億萬年物競天擇中從萬物中脫穎而出，成為萬

物之靈，掌控著地球。**人體在病患時可能有的激烈反應與症狀，便是身體本能嘗試努力自我恢復的明証，亦是生命力的表現。**

醫學並不應漠視身體總體需要，只「科學」地片面地消除症狀，使身體墜入困境，衍生出更多奇難雜症與更多的醫療需要，令唯市場利潤是圖的寡頭壟斷醫藥集團更蓬勃發展與更能操控病患人群。

怎樣協助人體的自療自愈機制，令其在疾患時能更有效地完成自療自愈，才是醫學之道，也是承傳數千年的中醫學術之道。

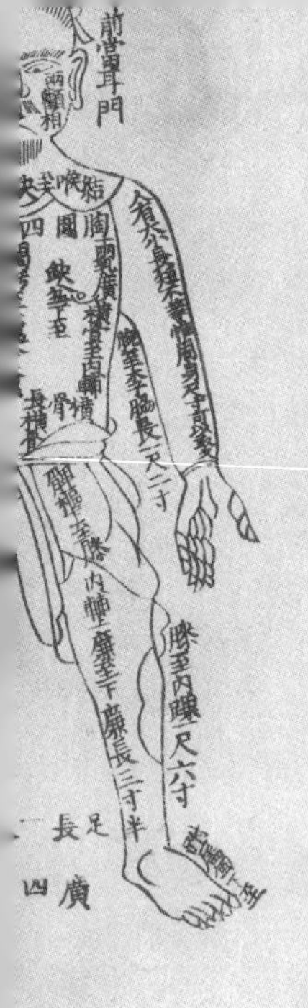

第二章

西醫藥對治症狀的禍害

《黃帝內經・素問》第三篇〈生氣通天論〉提到「陰平陽秘，精神乃治」，身體整體陰陽平衡身心才會健康平和，正氣、衛氣、衛外之氣才會運作正常，與全天候時刻分秒接觸的大氣微生物病原體和平共處，並有效地防止入侵，人們才能健康正常地生活著。

一、人體抵抗力、免疫力日常的起伏變化

日常生活中難以避免會有對抵抗力、免疫力不利的情況出現，如情緒波動低落、過勞、睡眠休息不足、外境氣溫突變卻沒有足夠的保護或抵禦風寒衣物應付等等。正氣、衛外之氣便會因而被削弱，不足以防禦外境之時，亦即免疫狀態轉向低下，衛外之氣薄弱之時，外邪便會乘機突破衛氣，中醫學說人體體表第一道防線，令人剎那間產生「惡寒」的感覺，亦即廣東人所說「沾寒沾凍」的感覺。

以往經濟仍未發達、醫療服務仍未太普遍的時候，感覺「惡寒」便知道很可能是初起外感、作病。人們會盡量多睡床休息或服用發散成藥，或外搽發散藥膏藥油，希望正氣、元氣、抵抗力、免疫力在減少勞動多休息下，能集中力量抗病自療自愈。內服外敷藥物是協助身體排除病邪，發散出汗、透邪外出。原來是身體健康、免疫正常、外感病邪入侵性毒害性並非太厲害的話，大都能完成自療而痊愈。

二、西醫藥治療症狀，但同時削弱摧毀人體的免疫機能

如身體抵抗力、免疫力稍弱，或外邪入侵性毒害性較強，便會容易進入太陽陽明，引發排斥與發熱等典型外感症狀。如失治誤治，或按西醫藥治療對治症狀、減輕或令症狀消失，抵抗力、免疫力便會被削弱，外邪便會深入臟腑、直進三陰，引起三陰症狀。也會有較嚴重的情況是當外邪的侵入性、毒害性更強時，便會一開始已同時瀰漫三陰三陽，引發陽經陰經的併病、合病，如一些嚴重的外感、溫病、瘟疫或病毒性感染。

如果沒有中醫藥的對証治療，只有西醫對治症狀治療或中醫不對証誤治或不治療，病情的好壞轉歸便完全看病人本身的體質強弱。外感是致命率高的疾病之一，嚴重外感致命並不駭人聽聞，原來健康正常的患者一般都能通過休息自愈，但體質、正氣、免疫機能會被削弱，久而久之，尤其是中醫學術認為的第一道防線、衛氣，亦會被削弱。

第一道防線、衛氣的強弱，往往與在被攻陷時惡寒不適的感覺強弱有關，衛氣越強，惡寒不適的感覺會越強，自身亦會更清晰地知道自己是否已受感染、發病。衛氣衰微時甚至不會有惡寒感覺，外邪便已能直進三陽三陰，甚至直進三陰，便會連微弱、不典型的三陽症狀也沒有。自身是可以完全不知覺已受病、已受感染，這便是現在常談到的無症狀受感染者。

西醫對治症狀、減輕症狀的療法往往很快便會摧毀人體的第一道防線、衛氣，令外邪更容易入侵身體卻無明顯強烈症狀，為以後各種奇難雜症、免疫系統病態亢奮疾病、慢性病、絕症，打開方便之門。

三、嬰幼兒童免疫機能被削弱摧毀後的表現

所有我診治過的嬰幼兒童，絕大部分都會、或曾夜睡出汗，亦即中醫所說的盜汗。現代社會絕大部分嬰幼兒童患病時都會看西醫，因為一般家長都愛惜孩子，對中醫不太了解，亦沒有太大信心，所以絕大部分都是看科學的西醫。只有到了某些階段，發覺孩子的健康狀態每況愈下，如夜睡不安、精神萎靡、大便或秘結或稀淌或硬淌相間、愛吃澱粉類食物或甜吃卻不愛正餐、發育不理想、間或噴嚏鼻涕咳嗽等等，才會考慮轉投中醫。

無明顯症狀、精神面色發育不佳，家長會誤以為是本身體質的問題，不太肯定是否需要治療，亦不知到那裡才會有有效的治療。這些都是外邪進入三陰但無明顯症狀的表現。另有一部分會有如濕疹、哮喘等西醫所謂免疫系統病態亢奮攻擊自身細胞組織的疾病。

免疫機能被削弱的後果是廣泛的慢性病、奇難雜症、免疫系統病態亢奮各類疾病，病毒寄生、伏邪等無明顯症狀帶病毒

者，甚至是免疫機能持續低下所致的變異細胞積聚、癌症等等。近百年隨著西方醫學主導全球，對症治療導致抵抗力、免疫力被削弱而衍生出的奇難雜症病患人口大幅急增，也是自然而然的結果。

從開始以西醫藥針對症狀的治療，或不治療等待自愈，或不正確的中醫治療，或自服藥物減輕症狀的治療，都不可避免令身體正氣、抵抗力、免疫力被削弱而導致之後身體的各種不利狀況。

四、手術切除病灶與器官組織，玉石俱焚

西醫治療除了以藥物治標不治本、治療症狀，結果是削弱人體的免疫機能，對人體造成深遠的傷害外，還有是治標不治本地手術切除病灶與器官組織，導致難以逆轉、永久的傷害。

很早期已流行的是闌尾炎切除闌尾手術。當時的商業遊說被包裝而成的權威解釋是闌尾是人體進化過程的多餘殘留部分，並無作用，發炎會容易引致腹膜炎，嚴重的會危及生命，所以應該手術切除。結果自上世紀五六十年代起，一般闌尾炎治療都會採用手術切除。

如果我們相信大自然造物的奧秘，亦應該相信歷經數以百萬年演化至今的人體並不會有多餘無用的部分。後來的科學發現是闌尾亦是人體的重要組成部分，有免疫功能。人體常用排

斥有害異物的手段，腹瀉會將腸道共生有益重要的細菌微生物亦同時排出體外，闌尾的存在似能令腸道在腹瀉後快速恢復原來有細菌微生物共生的健康狀態。

更重要的是傳統中醫學術是完全可以以湯藥治愈闌尾炎，並不需要切除。但闌尾炎是急腹症，而中醫治療的水準普遍參差，使現代人們沒有足夠信心，亦不太了解，不敢冒險嘗試，結果兩千年行之有效的良好療法便近似被廢棄。

闌尾無用論已被証實並不正確，腹腔腹膜炎、炎症是西醫較中醫能更有效治療嗎？事實亦並非如此。西醫治療所謂炎症有對治細菌的抗生素或令免疫機能平伏的類固醇。後者治標不治本與對身體的副作用一般不會被用於普通炎症。前者對身體仍然健康免疫正常的病人會有效，對於免疫受損身體較弱的效用成疑。**身體炎症能否快速痊愈還是要看身體自身的自愈能力、自身的免疫機能是否健康有效。而這正正是西醫藥治療的缺陷，卻是中醫學術的強項。**

治療過一些中年病患，大小手術後傷口經數月仍難以愈合，仍要服用抗生素與洗傷口，但經對証的中醫整體治療、純粹湯藥、不用服消炎藥或洗傷口，就算是嚴重的一兩週內已然健康愈合。中醫的整體治療，正正是調整病患者身體的整體失衡，令自身免疫機能自愈能力增強，使炎症消褪、傷口愈合，治療後身體整體健康狀況亦會更佳。

對証的中醫整體治療對腹腔腹膜炎或其它炎症的療效遠勝於西醫藥。

問題是近兩百年西方文化主導世界，國人對自身文化已經失去信心。中醫傳統教學傳承與規管自古已很有問題，亦沒能跟得上時代轉變。惡性循環，從業者質素偏低亦令療效更參差，更不能普遍為病患者信賴。

如果可確信不用手術切除，只服數帖中藥便能治愈，那所有闌尾炎患者都會選擇非手術療法。問題是怎樣改善傳統教學承傳與規管，怎樣振興中醫學術與令現代的中醫業者的質素與療效能迅速提升，讓病患者能重新建立信心。

切除闌尾之後便是流行切除扁桃腺，上世紀約 70 年代後頗多經常咽痛不適的會被建議一了百了、免受折磨、手術切除扁桃腺了事，病患大多是年輕人。扁桃腺亦是有免疫功能，是人體防禦外在病原微生物的門戶，明顯並非多餘無用的部分。

其實扁桃腺之會經常發病發炎與西醫藥治療成為主流密切相關。西醫藥針對症狀治療削弱人體免疫後，外邪便會在無抵抗無阻擋下長驅直進，直入三陰而無明顯三陽症狀，即沒有典型外感症狀。

按《傷寒論》六經辨証，咽痛是少陰病常見症狀，亦即是說咽痛病患大多是外邪已入少陰。外邪直入少陰而無明顯三陽症狀，亦即是虛人外感，亦是自小服用西醫藥治療導致抵抗力、免疫力被削弱的結果。

《傷寒論》有關條文引述如下：

第 283 條：「病人脈陰陽俱緊，反汗出者，亡陽也。此屬少陰，法當咽痛而復吐利。」

第 310 條：「少陰病，下利，咽痛，胸滿，心煩者，豬膚湯主之。」

第 311 條：「少陰病二三日，咽痛者，可與甘草湯。不差，與桔梗湯。」

第 312 條：「少陰病，咽中傷，生瘡，不能語言，聲不出者，苦酒湯主之。」

第 313 條：「少陰病，咽中痛，半夏散及湯主之。」

儘管闡述咽痛條文不少，如果不能領悟《傷寒論》六經辨証的整體內涵，只按其建議的方藥，是不能解決治愈現在普遍體質偏弱、証候複雜的咽痛病人。

曾治療過一廿多歲的年青病人，反覆咽痛多年，看盡中西醫咽痛頻發困擾依然。解釋病因病機後病人半信半疑，開始服藥重拾咽部正常感覺後，才信服並繼續開展治療。隨著症狀緩解，身體其它方面亦有很大改善。

世紀初曾被邀目睹一中西結合醫學博士手術切除只有十多歲經常反覆咽痛病人的扁桃腺。病人父母聽從權威建議，亦希望兒子能擺脫經常咽痛不適之苦。手術採用局部麻醉，病人全程表現惶恐不安，切除過程並沒能一刀了事而是頗有周折，似令病人更添痛苦恐懼。這是親歷目睹過唯一的一次手術過程，亦是不人道不必要的一次手術，如有對証的中醫治療是完全可以避免。

另外，甲亢、膽囊炎、膽石症亦是常見會被手術治療移除器官的疾病。

甲狀腺功能亢進症、甲亢，如藥物治療無效，便會手術切除或服用放射性碘劑導致失去機能，之後病人需每天服甲狀腺素補充劑。甲亢發病常與情緒壓力有關，很多時手術或放射治療並不能令病人完全康復，部分病人仍會呈凸眼焦躁等症狀，部分服用補充劑後會有副作用導致一些症狀。補充劑需終身服用，副作用亦似會終身伴隨。

中醫藥治療甲亢與膽囊症狀是能有確切穩妥的療效，以往也有甲亢病人接受中醫治療而被治愈。但近年似是越來越少甲亢病人找中醫，這當然與普遍療效不佳或不穩定、不可靠有關，否則不會有人不接受中醫藥保守治療而選擇廢棄自己的甲狀腺，然後每天服補充劑。

膽囊炎膽石症屬於急腹症，已經沒有聽過有病人會找中醫治療，但世事往往有例外。曾有一認識的中年病人，一向嗜吃、放縱飲食，是典型的吃貨，在柿子季節一天一次過吃了八個柿子，引致右側脅痛嚴重，乍寒乍熱，夜間咳嗽至痛引肋背，不能安睡。西醫診斷為膽石膽囊炎並建議手術切除。病人對中國文化與中醫稍有認知，聽過「十一臟取決於膽」、「子時一陽生」。一陽是足少陽膽經，知道人體每天經絡循環週期是子時由膽經開始，朦朧地理解膽、膽經對身體氣機循環的重要性，非迫不得已不願意切除膽囊。雖然深信中醫治療的理法方藥完全能夠勝任，但卻未曾真正治療過膽囊炎膽石症。儘管如此，病人仍願意一試。治療疏方六重劑、早晚一帖，症狀大減，病人亦大喜過望，治療不到兩週已然痊愈。

另一例子是關於可以避免的切除身體器官手術與中醫治療水平的參差，發生在約百年前。

民國初年名人梁啟超（1873-1929）1926 年發現尿血，西醫診斷認為是腎臟問題，建議手術切除，當時京城名醫蕭龍友（1870-1960）勸誡不要冒險，說：「這病不是急症，不就是尿裡有血嗎，任其流二三十年，亦無所不可。」梁氏為了支持「科學」的西醫，後來手術切除一邊腎臟，結果尿血依然，之後又有傳言推諉說是切錯健康的一邊等等。梁氏手術後兩三年間身體健康情況轉差而逝，只有 56 歲。

其實從現代角度尿血很可能也是外感病邪入裡引發腎炎，或引發免疫系統病態亢奮攻擊自身細胞所致。就算沒有現代認知，合格的傳統中醫亦應能很有效地治愈尿血病症。

蕭龍友給梁啟超的勸誡很正確，但好的中醫不應只給合理的醫療選擇意見，應該還能付諸行動，有效地治療尿血。據記載蕭氏在 1924 年曾為孫中山先生（1866-1925）治療，孫氏最後死於肝癌。傳統中醫學術對肝病治療應該是很有經驗、很有療效，就算不能治愈，改善病人身體狀態、改善生活質素、延長壽命應該還是可以做到的。在在似是說明作為京城四大名醫之一，卻似是不太擅長治療尿血與肝病。

並不是責難前人，而是百年前對疾病的認知不足或名氣與療效不一致也是歷久常新的現實寫照。

動用「科學」的醫療儀器切除腎臟似很「科學」，但只因尿血而診斷要切除腎臟卻是在並無任何合理有力的理論依據下，似是純粹臆測，為手術而手術地草菅人命、不負責任的做法。

近百年前手術並不普遍時是這樣輕率診斷並建議病人做手術。今時今日的醫療實況中，大大小小的手術更是普遍到如遍地開花，為手術而手術的情況依然。

針對不同疾病，手術切除病灶的研究開發需要投入資源，研究「可行」、「成功」後便需投入市場，開發潛在需求，令更多病患者能採用手術治療才能回收投入與盈利。在寡頭壟斷醫藥集團的鼓動與商業運作壓力下的醫療體系，為手術而手術的需要亦是顯而易見。

科學只是宇宙實相無盡無始以來一剎那數百年人類對宇宙萬物的片面認知與了解。微觀科技對物質的改造與運用，在近百年徹底改善了改變了人類的生活。

微觀科技亦令人對生命有更微觀確切的了解，但並不代表微觀科技是能治療生命的醫學技術。生命遠比物質複雜難解，對人類自身仍然是奧秘。

微觀科技可以移除病灶，壓抑症狀，卻不能醫治身體整體，令身體整體回復健康。這未回復健康、仍然失衡、產生症狀病灶的身體內在大環境，並沒有因手術切除病灶或壓抑症狀而改善。

如果我們相信大自然與過去數以百萬年的人體演化，我們便應該相信身體並無多餘部分。除非保守治療已完全沒有希望，否則不應該輕易接受手術治療切除身體器官組織。

我們亦應該相信數以百萬年人體演化而成的自愈能力是巨大的，人體自身可以產生激烈的症狀，努力抗病，努力自療自愈，便是明証。治療之道應該是順應身體自療自愈的趨向，協助身體完成自療自愈的工作。並不是越俎代庖，「科學地」微觀局部擾亂身體的自療自愈過程，令症狀減輕消失或切除病灶便作了事。

近代社會政治精英梁啟超為了鼓勵傳統社會走上科學之路而以身作則，選擇西醫手術切除一邊腎臟治療血尿。可惜他未能辨識科學並不等如所有，並不是宇宙實相的全部，科學亦並不等如醫學，亦為此不確切的認知付出了自己的生命。

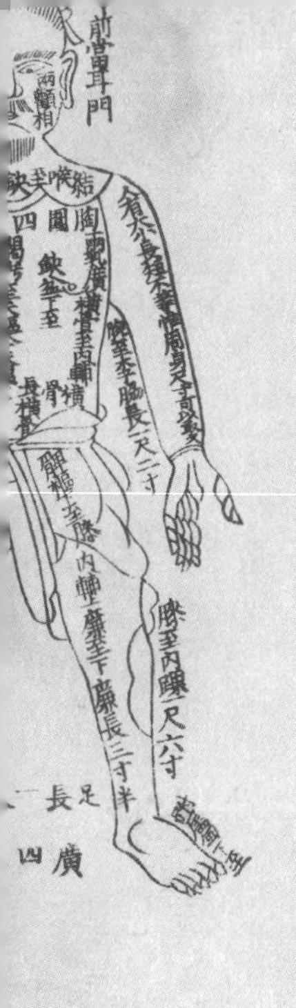

第三章

濕疹、哮喘、禿頭、
免疫系統病態亢奮疾病

免疫系統病態亢奮疾病患者的比例在近半世紀越來越多，濕疹尤甚。西醫唯一可用的是類固醇，令亢奮的免疫機能平伏下來，症狀一般都很快會消失，但藥物的副作用並不是長期病患者能樂意接受的，類似是飲鴆止渴。身體根本失衡的大環境並沒有因用藥而改善，而是每況愈下，病發時是越見嚴重、越見頻密。平伏症狀藥物的效能隨著用多用久而下降，儘管藥物濃度力度逐漸增強，副作用也隨著增大，但病情卻一步步轉向長期慢性夾雜頻密新發而加重。更多時是舊發皮損未愈、新發又至，皮損新舊夾雜令病患者痛苦不堪。

濕疹病發時皮損引致的搔癢痕痛是難以想像的折磨，亦會影響儀容外觀，對嬰幼、兒童、少年病患的心身成長常造成難以想像嚴重的傷害。

西醫類固醇在疾病早期頗能有效控制減輕症狀，但藥物副作用令頗多患者有顧慮而轉投中醫。但遺憾大部分中醫治療是按照現在的標準教科書，視濕疹主要為濕毒熱毒所致，大都是用清熱解毒苦寒藥為主要療法，並不能解決問題。可能起始階段會有些對治症狀的療效，但長期服用清熱解毒苦寒藥令身體機能快速減退，對身體臟腑的損害程度與複雜性是難以想像的。親歷見過一些兒童與年青病人經過約十數年中醫治療，非但沒有好轉，而是病情輾轉反覆加重進入嚴重的複雜慢性狀態，影響儀容，並嚴重影響工作、學習、睡眠、日常社交等等。近年更有不堪折磨他殺家人後自殺的新聞個案。

免疫系統病態亢奮疾病除了濕疹、哮喘、紫癜、類風濕關節炎外，還有牛皮癬、白疕、癮疹、紅斑狼瘡等等多種皮膚類疾患。似因體質各異而有不同的表現，林林總總，已是現在都市疾病的一個主流，在近大半世紀覆蓋面似是越來越廣泛，病患人群增長迅速。哮喘病發緊急嚴重時如不能及時急救甚至會致命，上世紀末在兩岸三地廣受歡迎的女歌星便是因此命殞。

一、濕疹、免疫機能病態亢奮疾病的成因

這類疾病發病頻繁，為何會這樣？是在怎樣的情況下才會發病？免疫系統為何會病態亢奮，攻擊自身細胞組織？這類疑問都會或多或少潛伏在人們的意識深處，朦朧地困擾著病人與家屬。

從一個中醫宏觀整體視察的角度，與個人的研究探索所得，當第一次服用西藥或其它藥物退熱、對治症狀，削弱解除身體免疫與排除入侵外邪的自然本能後，便已種下了免疫機能病態亢奮的禍根。免疫機能病態亢奮並不是機能強壯或不自然地超強的表現，而是免疫機能被削弱後，想正常地完成工作而不可，演變成對抗入侵外邪但同時傷及自身軀體細胞組織的虛亢病態表現。

當免疫機能被削弱，外邪或病毒進入三陰身體深處，免疫機能仍有反抗的能力或能量，便會奮力攻擊外邪，透邪外出時同時亦似是無能顧及自身，並傷及自身細胞。從身體深處三陰透邪外出已不能用在三陽經時汗吐下等手段，而是同時傷及自身的手段。如濕疹、牛皮癬、神經性皮炎、癮疹等等是透邪外出皮膚的症狀。也有如類風濕關節炎、雷諾士綜合症是傷及肢體關節末稍的症狀。也有從深層至呼吸道透邪外出，哮喘咳嗽的症狀。也有在體內傷及自身臟腑，如心腎或體液細胞，如血小板被攻擊減少導致出血的紫癜症狀。似是隨著外邪、體質、身體狀態各異而產生林林總總複雜多變不同的症狀。

這些都是身體第一道防線被摧毀後，病邪深入體內，隨著病邪與人體的複雜性與被削弱後的免疫系統相互對抗，而衍生出千變萬化複雜的症狀。其實就**是被削弱後的免疫機能攻擊排斥已深入體內三陰的病邪，而同時傷及自身細胞組織的虛亢表現**。

患者此時會有錯覺外感症狀減少，似是身體強壯很少外感。因為衛氣、抵抗力、免疫力已被削弱，並沒有正常強烈的外感反應。當情緒低落、過勞、睡眠休息不足、抵抗力、免疫力更低下時，稍遇風寒外邪便會入侵引發外感，但因抵抗力、免疫力已被削弱、機能狀態低下，第一道防線衛外之氣若存若亡下外邪已能直進三陰，挑動已被削弱的免疫系統，引發免疫機能攻擊外邪同時傷及自身細胞的變態症狀，卻少有惡寒感覺、典型外感症狀、或三陽症狀。

很多時是舊証裡証未愈，症狀處於慢性狀態，新感外邪引發新証，導致新舊症狀併發，令病人苦不堪言。

亦即是說免疫系統病態亢奮疾病是外感病邪入侵後，挑動免疫機能並引發的變態反應。外感病邪侵入免疫機能低下的人體後引發的不是典型的外感症狀，不是噴嚏、鼻水、咳嗽、發熱、吐瀉、惡寒發冷，而是哮喘、濕疹、癮疹、紫癜、類風濕、牛皮癬等等。

這便是現代人從小接受西醫藥微觀對抗式針對症狀的治療，導致自身免疫機能被削弱摧毀後的結果。

見過一些中年或以上、年紀稍大的病人，反映病發與變態症狀隨著年齡增長而減少減輕，以為是病情慢慢好轉或身體有進步。實況並非如此，而是免疫機能、正氣亦隨著年齡增長與身體因不正常病態耗損而進一步減弱，病態亢奮時的力度與能量亦因而減輕，所以感覺發病與症狀亦減少減輕。外邪入侵亦只會更頻密但身體已無能力有更多更強的抵抗，無論是正常的或變態的。是沒有正常外感反應症狀，但卻是連免疫系統病態亢奮反應的症狀也會減少減輕，甚至沒有。

有說吃過牛肉後濕疹更易病發與加重。古時農業社會牛是作耕田用，華人自古較少吃牛肉，牛肉從中醫角度是滋補之物，金元時期四大家集大成者名醫朱丹溪著作中也有提過傳統純用牛肉作補益治療的「倒倉法」，服牛肉後身體的正氣、抵抗力、免疫力會增強，所以免疫系統病態亢奮反應亦較有能量與激烈，病人因而會覺得發病更多，症狀更嚴重。

亦見過一些中年前後，曾患如哮喘等免疫系統病態亢奮疾病，經長期過度治療，是對治症狀、削弱免疫機能的各樣治療後，已很少發病，因為免疫機能已然更低下並已無能力病態亢奮，隨之而來是身體整體狀態仍然低下，外邪仍然滯留臟腑，持續損耗身體機能氣血，可導致頭頂脫髮嚴重甚或至光禿。儘管多年光禿，如能有中醫對証治療改善身體狀態，也能從新長出毛髮。

西方禿頭的人口比例頗高，從中醫理論的角度，可以想像的原因是歐美人士對外感病症主要以西醫藥治療或不治療。西藥對治症狀，削弱免疫機能，外邪或病毒因而能長期滯留、並對身體造成的損耗所致。

二、對証中醫藥治療免疫機能病態亢奮疾病的轉歸與預後

如有對証的中醫藥治療開展，病患者都會感到症狀大大緩解，精神狀態亦會逐漸恢復。但抵抗力、免疫力、衛外之氣的

治療填補並非一朝一夕，病人如防禦風寒衣著稍有鬆懈、或情緒波動低落、或過勞睡眠不足，免疫力、抵抗力便會突然跌落，外邪便會乘虛而入，症狀便會突然反覆由好轉倒退，或呈現新舊夾雜。

病人的抵抗力、免疫力、衛外之氣隨著對証治療會逐漸恢復，當有明顯的外感症狀時，變態症狀亦會明顯減少減輕，那顯示治療已是在正軌之中。

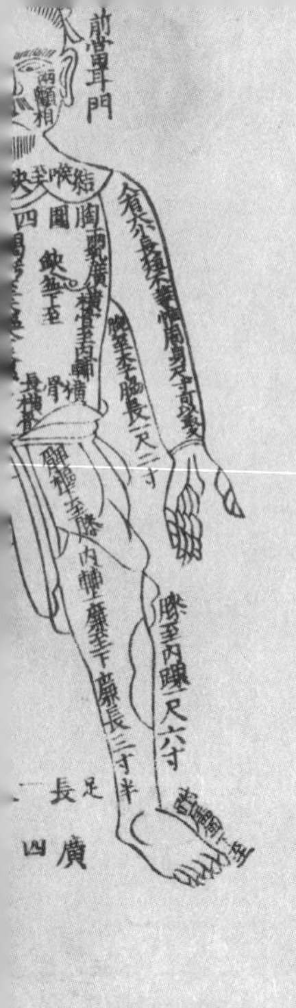

第四章

高血壓

看過有一官方統計數字，是香港衞生署於 2014 至 2015 年度香港人口健康調查，發現有 27.7% 的 15 至 84 歲非住院健康人士患有高血壓，包括 13.2% 的人士以前未經診斷患有高血壓但於身體檢查時被量度出高血壓。

似乎調查的言下之意是公共醫療體系要警醒、要準備，需要採購更大量降血壓藥，市民應該儘早檢查，如發現患病便需儘早求醫服藥。

有研究估計在全球各大城市，高血壓患者佔成人人口十分一至五分一甚或更多。按西醫的說法降血壓藥需每天服食，至死方休，否則會有中風癱瘓甚至死亡的危險。全球眾多高血壓病患人群恍如寡頭壟斷醫藥集團們的「人肉提款機」，是要被提款到回歸大地塵土為止。醫藥集團與高端科學研究權威現實是難以被懷疑挑戰與撼動的。但他們是有龐大的商業利益持分者，與市民、病患者們是有根本性的利益衝突。但在政治遊說、官商勾結、媒體宣傳、社會精英知識分子的西醫們背書確認下，政府或衞生部門似是無能監管把關，大眾病患始終是難逃一劫，儘管有疑惑與從心底裡不願意無了期每天服藥，但似並無其它選擇。

古代中醫沒有量度血壓儀器，也沒有高血壓這病，1949 年後編寫的統一中醫教材、內科學教科書中有頭痛、眩暈、中風等病似是相關，普遍認為高血壓是「肝陽上亢」與「肝風內動」的表現。無論體質、身體狀態、情緒、暴怒都似能引致發病，教科書都會建議治療用「平肝熄風法」、或「涼肝熄風法」、或「鎮肝熄風法」的三大名方，即「天麻鈎藤飲」、「羚角鈎藤湯」、「鎮肝熄風湯」。

理論與治法方藥似是十分完美，實際上卻是鮮有取得效果，可以說是並無效果。相信有不少高血壓患者不願下半生每天服藥，希望有另類療法可以選擇而試看中醫，結果大都是失望而回。

統一教材內科書裡，疾病分類也偏向西醫概念而遠離古代傳統分類法，外感只佔開始小小篇幅，中醫學員與執業者亦漸與西醫概念同步，沒有外感症狀便不是外感，作其它雜病治療。

一、高血壓疾患的成因

其實無論免疫機能狀態是強是弱，當外邪、病毒入侵之時，或在三陽有典型外感症狀，或在三陰並無外感症狀，甚至沒有其它明顯症狀，身體免疫系統便已進入應激狀態，或強或弱都會盡力守護自身系統組織並與外邪抗爭，血壓亦會隨之升高。現在很多中年或以上病人，偶然外感到診西醫，被量度血壓時會覺較正常為高，結果從此便要每天服降壓藥至百年歸老。稍好的西醫會說生病時血壓會稍高，觀察一段時間再說吧。但無論是否有外感症狀，外邪入侵，身體、免疫機能進入應激狀態，血壓都會升高。事實是體質越強、免疫越強，或外邪在更深入的狀態，血壓會更高。當免疫已被嚴重削弱、身體較弱者，免疫機能已無多大能量時，血壓反而不會太高，而是在稍高的臨界界線徘徊。必需長期每天服藥的忠告、顧慮、或恐嚇，是高血壓嚴重時會導致腦血管疾患、中風，後果可能是癱瘓或死亡。

我不知道高血壓病患者中風的比例有多少，估計不會高，因為是要身體狀態極度不佳，血管嚴重閉塞或脆化，再遇上外邪感染、情緒異常激動才會有機會發病。從古代中醫記錄知道中風、偏癱是急危重症，卻不是常見頻發疾病。但亦看過有報導是服血壓藥後血壓偏低而導致缺血性中風，可以想像高血壓患者的血壓也會隨著身體狀態改變而有上下波動變化。

現在的高血壓患者通常都沒有典型外感症狀，即三陽症狀，如果能按《傷寒論》六經辨証，望聞問切診斷查察是否會有裡証或三陰症狀，其實都會有裡証或三陰症狀，亦即是虛人外感症狀。如能對証治療，治療得法，血壓都會在服藥後約一個小時回復正常。

血壓是身體狀態的一個動態表現，隨環境與身體狀態或相互之間的互動而變化。遇災難緊急逃生時血壓會升高，暴怒時

會升高，驚恐被嚇時會升高，參加比賽身心進入緊張狀態會升高，遇人無端襲擊被迫自衛時會升高。被外邪病毒入侵時身體進入應激狀態與病邪病毒對抗，血壓也一定會升高。

血壓升高猶如其它症狀一樣，是身體想要完成某些工作。在外邪入侵、病毒入侵時，血壓升高是身體免疫系統進入應激狀態，準備全力抵抗病邪的自然本能表現，正確的治療方法是協助身體去完成它想要完成的工作，並非不問情由，以高血壓最極端情況下會中風、癱瘓，甚至死亡去恐嚇病人，讓病人每天服治標不治本的降壓藥，成為「人肉提款機」。

西醫沒有治療外感、病毒性疾病的方法與藥物，卻有類似利尿或強迫血管舒張等降壓藥，這些藥都會有副作用，長期服用對身體、心腎的損害是難以想像。另外，外邪、病毒入侵，身體進入應激狀態、血壓升高，是準備抵抗病邪，儘管已是在三陰較微弱的抵抗，服降壓藥後，應激狀態隨之冷卻平伏，在三陰較微弱的抵抗也同時被削弱平伏，已無能力盡餘力抵抗，於是外邪更能深入滯留與寄生，對身體的損害更見加劇。

如果身體內有變異細胞或癌細胞，身體在狀態較好時免疫機能也可能進入應激狀態，盡力消滅移除變異細胞、癌細胞而令血壓升高。降低血壓下這類本能自療活動亦會被停息。由此可見，不問情由地人為地治療症狀禍害的深廣實在是難以想像。

不知是否是在跨國壟斷寡頭大醫藥集團影響下，西醫論述高血壓的病因是原因不明，從西醫學術只看樹木不看森林的微觀角度，也似只會有原因不明的結論。

二、對証中醫藥治療高血壓疾患的轉歸與預後

如前所說，如有中醫對証治療入侵三陰的外邪，血壓會回復正常。但病人身體已是衛外之氣若存若亡，正氣、抵抗力、免疫力低下的狀態。在時刻分秒與大氣接觸的情況下，如果沒有正確穿著足夠衣物抵禦風寒、情緒低落、過勞，抵抗力、免疫力更見低下，外邪剎那之間會再次入侵，再次挑動免疫機能，血壓便會再次升高。由於衛氣已是若存若亡，外感入侵時已不太會有「沾寒沾凍」所謂「惡寒」的感覺，即外感時身體已不會有典型外感症狀作溝通預警，只會有血壓升高的現象。

當我治療高血壓病人時，除了解釋以上發病機理外，還會建議病人治療期間每天記錄血壓，緊要的是服藥前後約一兩小時各量度一次，其它時候再平均量度兩次，一天共量度血壓四次。無一例外，病人都會發現服藥後約一個小時，滯留三陰外邪得以消除，血壓便會回復正常。其它三次是高或正常隨機性頗大，卻是與病人是否有新感外邪入侵有關，這亦與病人是否能改變觀念與生活習慣，穿著合適足夠的禦寒擋風衣物與合理調整生活作息，令自己的抵抗力、免疫力避免受到挑戰有關。

頗多高血壓患者會有內熱、燥熱，令自己常有錯覺自己不怕冷，不用多穿。但內熱與高血壓卻正正是一致，是免疫系統在應激狀態抵抗外邪的表現。

當病人發現對証治療後，血壓會下降與回復正常，發現血壓是不斷在動態變化之中，並非恆常不變在高位，又發覺如果衣物穿著防禦風寒做得好，生活作息合理正常，身體狀態好些，血壓升高的次數會減少，便會對治療逐漸建立堅定的信心。

隨著對証的治療開展，病人的正氣、免疫機能、衛外之氣會慢慢提升，當有一天，已多年未有外感症狀的病人發現有典型的外感症狀，即是說外邪已是在三陽處遭到抵抗，引發三陽症狀，即典型外感症狀，外邪已不能直入三陰，顯示抵抗力、免疫機能已逐漸恢復，治療已是在正軌之中。

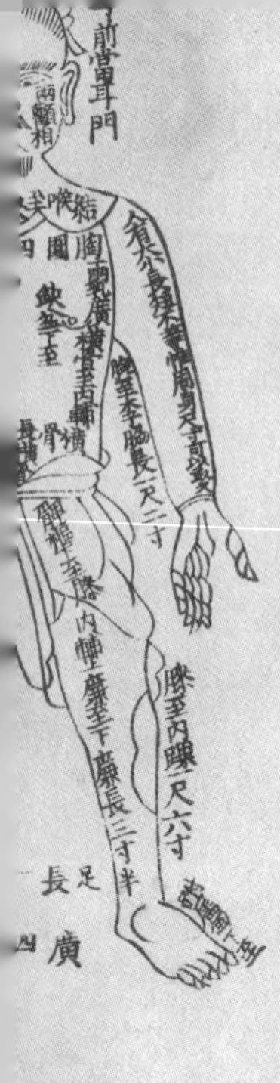

第五章

糖尿病

二型糖尿病、或糖尿病，如高血壓般已成為現今都市主流多發疾病之一，有研究估計病患佔成人人口比例約十分之一或更高。

一、胰島素欠缺與失效

西醫以往數十年的說法是人體胰臟病變，不能分泌或減少了分泌胰島素，令血糖不能被轉化貯存，是血糖濃度過高的病變。近數年卻修正說不是胰臟分泌胰島素減少的問題，而是胰島素轉化血糖過程有障礙。血糖濃度過高影響人體的血液流變，對身體損害的後果、如腎病、肢體末端壞死、視力受損、陽萎等等，都是難以想像地嚴重與難以逆轉。

降血糖藥亦如降血壓藥般，需每天服用，至死方休。

按修正後的說法是胰臟分泌胰島素並沒減少，只是轉化血糖過程有障礙。但降糖藥似會誘發胰臟分泌更多胰島素。按西醫藥針對症狀的治療，似乎病情惡性循環，向更差的方向演化是難以避免。

傳統中醫有「消渴」或「三消」的類似疾病，認為是燥熱之証。三消是與肺熱有關的上消，與脾胃有關的中消，還有是與腎有關的下消。三消、消渴是以多飲、多食、多尿、消瘦、乏力為主要症狀。

但觀察現今的病患，似很少會有燥熱的表現。按傳統三消的治法，療效並不理想，只有按中消下消，用類似腎氣丸溫補脾腎的治療方向可能會有些許療效。

那到底中醫學術能否治療治愈糖尿病？糖尿病或類似的三消在古代被認為是一種「富貴病」，不太屬於多發病，似是養尊處優甘肥美食階層才易發多發的疾病。

二、近代名人胡適的糖尿病醫案

近代名人學者胡適（1891-1962）曾患糖尿病、腎病，胡適大力提倡科學與民主，亦提倡西醫。但他自己卻沒有採用西醫治療，而是頗保密與隱晦地請當時的名中醫陸仲安（生卒不詳）替他治療並治愈。這事被曾寄住於他家中的學生、太平天國歷史專家羅爾綱（1901-1997）在著作《師門五年記》與《胡適瑣記》中有記錄提到。書中亦有記錄陸仲安治療胡適期間的一首藥方，似是主方之一：

生黃芪 4 兩　黨參 3 兩　白朮 6 錢　茯苓 3 錢
炙甘草 2 錢　酒黃芩 3 錢　白芍 3 錢　山萸肉 3 錢
宣木瓜 3 錢　法半夏 3 錢　澤瀉 3 錢　川牛膝 3 錢
生薑 2 片

這藥方只能是陸仲安針對胡適某一時空某一期間的身體總體狀態，即証候，所開出的藥方。如果誤以為是中醫治療糖尿病的秘方，人人皆可、時時可用的通用方，那便是違背了中醫需按不同病患與不同時空狀態辨証論治的大原則。

糖尿病發病的病機因病人的體質與生活飲食習慣不同而千差萬別。現代人的體質與生活飲食習慣與古代或百年以前已大大不同，傳統的消渴或三消的治療方法似已不太適用。

現代有不少中醫學者提出不同的糖尿病治療角度，有提出「從腎論治」，有提出「從脾論治」，有提出「從肝論治」，但都並不是很全面的治療法則。從腎論治似是針對多尿或腎病症狀為主，從脾論治似是針對水濕精微血糖代謝並沒有效地被代謝吸收，從肝論治則是從調理身體整體氣機方面著手。三者都似是各有所偏，只有針對病人自身體質與病機的獨特性整體治療才有望成功。而病者改變調正自己的生活飲食習慣並能持之以恆更是關鍵。

從經濟角度，糖尿病患者服西藥的短期費用是最低的，中醫治療就算有效亦需一段較長時間才可能扭轉體質與整體身體狀態。

中醫學術是可以治愈糖尿病，但病人亦必需合理地改變自己的生活飲食習慣。習慣是日常生活中不經大腦理性思考便會做出的動作，改變常會引致不快，需要決心，意志與鍥而不舍的努力，再加上對証的中醫治療，才會是有效的扭轉。

曾治療一年約50歲的初發糖尿病患者，之前因工作壓力、情緒原因導致甲亢，經放射性碘劑治療後，需每天服補充劑。自小有咳喘病史，晚上常咳至難以安睡。因不想每天服用太多西藥，亦不想服糖尿病藥，所以希望嘗試中醫治療。亦只能是從整體的角度開展治療，不到一週，病人咳喘情況好轉，睡眠恢復正常，身體整體有很大的改善。治療約三個月後，病人的三個月平均血糖值、糖化血紅素，已然回復正常。治療期間，病人亦非常努力改變自己的生活飲食習慣。改變生活飲食習慣是終身的，並不是只在治療期間，是一個重要課題，亦是疾病會否復發的關鍵。

對証的中醫整體治療是改善扭轉身體的整體狀態而治愈糖尿病。其實就算沒有中醫治療或其它任何治療，糖尿病患者亦完全可以通過自身的努力自療自愈。

三、辟穀斷食是否有效，2016年諾貝爾醫學獎得主大隅良典有解釋

曾認識一文化界前輩年約70歲才發現有糖尿病，不想每天服西藥，自己用間歇斷食的方法與改變飲食習慣作治療，詳情並不很清楚，大概是每月一兩次斷食，每次約三五七天，平

時將澱粉類與甜食類食物降至最低甚至不吃。最終成功擺脫血糖過高的症狀，沒有為病所困，沒有服過糖尿病藥，並能正常過活。但生活飲食習慣已完全改變。

前蘇聯曾有以斷食療法的治療研究部門，以清水斷食25-30天作療程，治療精神病、以及其它奇難雜症，主要是主流醫學束手無策的個案。清水斷食以外，會輔以戶外散步及其它運動、深呼吸、午睡、水療、灌腸、按摩等等。患者每天需有運動約3小時。完成治療後頭一週只能吃蔬果、酸乳等無糖無鹽飲食，之後逐漸恢復正常飲食。完成治療後頭三個月每月亦需有3-5天預防性斷食。

斷食治療療效驚人，治愈率居然有七成以上。

可能有人會擔心，長時間斷食會否影響身體健康。其實可以想像人類始祖走出非洲與之前的歷程。在約一萬年以前浩浩漫長的演化過程中，人類還沒有飼養牲畜或耕作農作物時，並不能有固定每天定時進食的機會，而似是要每次採集或捕獲獵物後才能飽食一些時日，食物耗盡未有新收穫時往往要捱餓，甚至要拾取樹上跌落地下已腐爛的果實充飢，結果身體似演化出消化代謝腐爛果實中酒精的能力。這段日子似是數以十萬年計，是人類演化至今以前的大部分時間。是到約最近一萬年，人類開始懂得農耕與飼養牲畜，才可以有每日二至三餐固定進食，直到現在。

一日固定兩三餐似是更能讓人在農業社會、工業社會與現代社會保持最佳生產力，可以每天努力工作，並已演變成現代人的生活習慣，但卻並不是必然或人體必需。現代研究更是發現多食飽食對身體健康與長壽並不有利。

近數年曾自身試驗清水斷食數次，逐次延長日數，試過三、五、七、十四天，身為吃貨要花更大的心力與意志。開始會有不適應與感覺軟弱的時候，但很快會消失，總體感覺良好，似是體驗著人類始祖邊捱餓邊走出非洲的感覺，難度當然完全不能相比。結果腰腹平伏了，體重減輕了，人亦更覺輕鬆愉快。如果不是考慮到每天有日常工作等等，不想精神形體太過凋敝，便會斷食 21 天，只能等待以後時機了。很值一試，尤其是對於追求健康者，或糖尿病患不想長期服降糖藥者，或渴望瘦身者。

以往經濟未發達，醫療服務並不普遍的年代，外感或其它疾病，患者都會斷食休息睡眠，減輕脾胃的負擔，令身體可以集中力量全力抗病。

中國古代修道者修煉長生者亦有辟穀斷食的傳統。

佛教修行者也有齋戒斷食的傳統。

伊斯蘭教有頗長的齋戒月傳統。

中古時期虔誠的耶教信仰者患病時亦會有祈禱、斷食、飲水、休息，讓身體自我恢復的傳統。

具體的科學解釋似要到 2016 年日本籍諾貝爾醫學獎得主大隅良典（Yoshinori Ohsumi 1945-）關於自體吞噬（autophagy）機制的研究為人所知，才令人有較深入的微觀科學認知。

古代飲食以菜蔬米飯為主，肉食為副，農耕運動量大，糖尿病發病機會並不高。但現代飲食受西方快餐文化影響，甜食、澱粉、油炸、肉食為主。都市人生活壓力大，大部分人運動有限，肥胖症已成為都市疾病主流之一。況且西醫藥針對症狀治療是現代社會的主流，人們自小免疫力已被摧毀，虛人外感、無典型症狀的外感已是常態，普遍身體的新陳代謝機能亦因而大受影響與被削弱，加上不健康的快餐垃圾食物橫行，肥胖症、糖尿病人口已難以避免大幅擴散。每天吃降糖藥，成為寡頭壟斷醫藥集團的「人肉提款機」亦越來越多。

改變調正自己的生活飲食習慣，加上對証全面的中醫治療一段時間令身體整體大環境改善，會比每天服治標不治本並有副作用的降糖西藥有更好的未來與結果。

改變調正自己的生活飲食習慣是需要嚴格的紀律與心力，亦可能是令身體恢復過程中難度最大的部分。

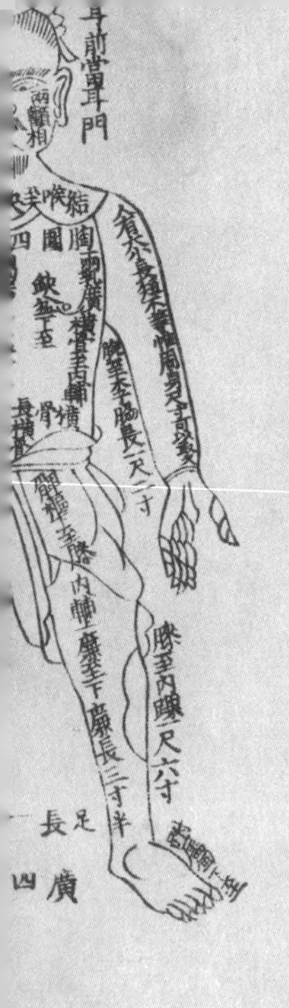

第六章

婦科、月事、不孕

想起世紀初曾遇見過一瑞士學習中醫團在國內實習臨床婦科，意想不到的是成員主要是西醫，稍有傾談後一成員更反映說中醫婦科療效比西醫婦科強得多。看過他們的德文中醫教科書也是頗為吃驚與感動，圖文並茂，內容似是難以想像地充實精煉而細緻。他們當然是極少數，但仍會令人有一絲希望中醫學術會有一天回復到如其所以然的療效與聲譽，並能在國際醫療體系中充分作出貢獻。

自古婦產似是生死一線之間的事，需要有經驗熟練的人手操作，效率與安全性遠不及現代西醫。由西醫配備現代檢測儀器處理是最好不過。可能是商業因素的影響，似是手術剖腹生產近年已漸成主流。如果沒有其它考慮，能夠自然分娩對母子身心健康發展似是最好的安排。

都市生活壓力大，遲婚已是普遍現象，一般人有充分預算與準備考慮生育很可能已是 30 歲以後的事。隨著平均體質轉差，其中頗有一定比例是渴望生育但不孕。

近年西醫人工受孕似越來越普遍，但也有頗多嘗試過多次亦不成功。人工受孕亦是有西醫治療一貫治標不治本的風格，病患者難以受孕不健康不平衡的整體身體狀態並沒有因治療而改善，勉強生產對母子都是一種負擔。中醫這方面的療效是肯定確切的，但仍然是要回到根本，辨証論治，針對患者的體質與當下身體整體狀態量身訂做，並沒有人人皆可用的固定成方、或得孕得子秘方，是治療令身體整體狀態改善而自然而然地成孕。

一、不孕與傷風感冒，中醫治療水平的評估

偶爾聽過有一些「名醫」被廣為宣傳專治不孕，但卻有頗多反映治療傷風感冒、外感卻療效不佳。其實中醫治療水準的評定非常簡單，如果能三數帖中藥解決治愈病人外感高熱、咳嗽、表証裡証、三陰三陽等病症，那便是合格的中醫。對於合格的中醫，就算是不孕、免疫系統病態亢奮疾病、癌症或癌症手術前後、或其它奇難雜症等等，都會有良好療效。**如果傷風感冒發燒咳嗽外感都治療不了，那其它疾病也不用說了。**

曾治療過一年約四十嚴重濕疹併發雷諾士綜合症的病人，到診是希望治療濕疹與併發到腳掌趾的雷諾士綜合症。病人渴望生育多年但不孕，近數年共接受過四次人工受孕並無效果。

中醫治療是整體治療，身體整體狀態良好、或稍有恢復，都可能會受孕，並不可能只治濕疹不治不孕。但身體狀態仍未達至近似健康水平勉強懷孕對孩子並不公平，亦並無好處。思慮至此，只好建議病人耐心治療，等身體整體狀態好轉再考慮懷孕，並建議治療濕疹期間應同時避孕。病人可能覺得懷孕似是渺茫與近乎無望，避孕建議更似是空中樓閣並無意義亦沒放

在心上。治療開展後，濕疹很快好轉，睡眠精神亦回復正常。治療約四個多月，病人意外地發現已經懷孕。

二、經早、經遲、痛經，月事反映著身體整體的健康狀況

除了懷孕生產，最常見的婦科疾患便是月經異常與經痛。月經疾患除了是身體體質與整體狀態的反映，亦與現代都市生活飲食息息相關。

傳統中醫從身體整體狀態診斷月經早遲的病機，主要有氣虛血熱解釋經早，血虛氣滯寒凝解釋經遲。

如果能加入一些現代整體概念元素，治療效果似會更佳並更準確可靠。所謂現代整體概念元素，便是會考慮到人體作為一個以生存為最大目的的有機體會本能地調控著身體整體的資源，避免過分流失與影響自身的存活。

當資源匱乏，會量入為出，當氣血不足，身體調控力仍在，便會延遲月經，減少經量。

這亦是身體發出的訊號，如果置之不理，不作治療，或沒有對証有效的治療，身體的調控機能缺乏足夠資源維持，終會有調控力減弱甚至失控的情況出現，那便是經早、經量多、崩漏等失控、資源流失的狀態。

另外亦有較易情緒波動的會影響身體氣機，導致經期早遲不定，其實情緒易波動與身體整體狀態密切相關。中醫對証治療通過調整身體的氣機、平衡身體整體失衡，改善身體整體狀態，病人會有更好的容忍度，情緒亦會相對穩定，經期早遲不定的症狀亦因而得到解決。

經早或崩漏還有一個常見的現代病因是子宮肌瘤或纖維瘤等，不正常的細胞增生亦可算是身體機能失控令異常細胞擴散積聚的表現。有研究認為這與現代食物生產與質量很有關係，如畜牧家禽、魚貝養殖都會廣泛地應用催生藥物激素等。

同樣概念亦可應用於出汗失常的解釋。有人正常情況下出汗，有人要劇烈運動才稍有微汗。有人稍有動作，便已大汗淋漓。這亦是可以從身體資源與調控機能的角度診斷體質與病機。

從病情的輕重看，正常當然是最好，資源不足但仍有調控力次之，失卻調控力代表身體資源容易流失與身體機能的衰減是較差的情況。

泄瀉是失控的表現，早洩是失控的表現，動輒虛汗是失控的表現，失禁是失控的表現，異常細胞增生擴散是失控的表現。彌留之際，汗出如油、失禁、瞳孔放大更是失控的表現。

其實這亦只是傳統中醫學術陰陽概念的現代闡述與補充。

陰可代表身體的資源，陽代表身體的機能，陰陽互根是動態的互相依存與互相轉化。陰陽離決便是失控不能互根，代表著一氣化生，蘊含著陰陽互根的生命要素的失控離散與生命的終結。

月經正常與否，反映著身體整體狀態是否健康平衡，當然會使當事人關切與憂慮，但更令人困擾與痛苦的是痛經，經期前後伴隨著的痛楚，嚴重的可以令人昏厥、臥床、入院，不能上班上學。

中醫傳統的病理解釋是氣虛血弱寒凝、氣機不暢等等。其實中醫學術是能很有效地標本兼治，治愈痛經。以往的歲月也聽聞女士是較多選擇中醫治療月經諸病的。但可能近世紀西醫藥主導醫療體系以來，平均體質轉差與病機轉趨複雜，加上中醫普遍療效參差，似並不穩定可靠。近年似是更多痛經病人轉向西醫。西醫從微觀角度解釋是子宮內膜細胞異位導致痛經，一般婚後妊娠後會令異位細胞萎縮，或用藥物止痛，否則可能需手術治療。但手術並不能保証完全治愈，手術後復發的例子有的是。

曾治療過一乳癌術後數年的複雜病案，痛經嚴重外還頻發嚴重偏頭痛，經期前後更甚，病人因症狀困擾將教務工作由全職轉為半職。這亦並非純粹內傷疾患，病人衛外之氣已然衰微，外邪直入三陰除了偏頭痛外，已然沒有三陽症狀或典型外感症狀。經整體治療後身體狀況大幅好轉，困擾的痛症已然近似治愈，甚少發作，原來仍有待觀察公營與私營的癌症醫療檔案亦因身體狀況好轉，體驗結果正常而掩卷結束。

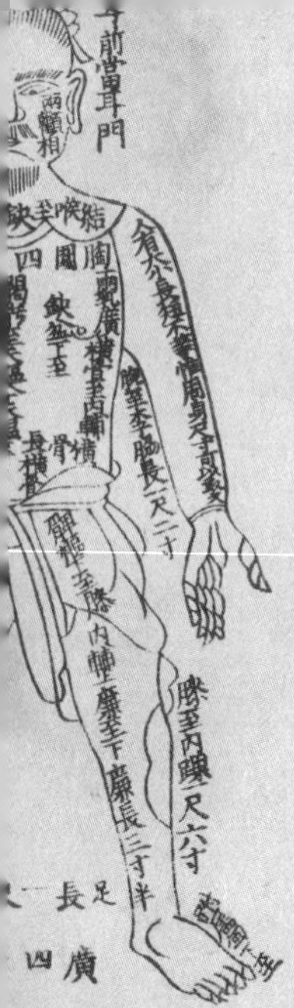

第七章

暗瘡、痤瘡

暗瘡、痤瘡，又被稱為「青春痘」，似是年青人成長過程中多發的症狀。順利的似是會隨著成長慢慢消褪、不留痕跡。不順利的會持續多年，留下瘡疤印記，影響儀容，難以逆轉。

一、暗瘡、痤瘡是青春的錯嗎

一般都會認為是成長過程身體荷爾蒙變化引致的症狀，或是好吃煎炸辛辣的後果。事實並非如此，難以想像地，這是頗類似之前談到的青少年開始頻發的「扁桃腺炎」，是自小接受西醫藥治療，免疫機能逐漸被摧毀削弱後，青少年虛人外感，病邪直入三陰所引起的免疫系統病態亢奮引發的症狀。

如之前所論述，現在的嬰幼兒童自出生都會接受主流西醫治療，對治症狀的治療很快便削弱摧毀人體的免疫機能，因而衍生出各類相關疾病，因不同體質而各有不同。

二、中醫學術的另類觀點

如病邪入少陰引發的長期急性慢性夾雜的咽痛咽部不適，與**病邪入三陰免疫系統病態亢奮引發的多種複雜疾病。其中一種常被誤解的便是暗瘡**，以為是青少年成長或會遇見的小疾患，事實並非如此，成年中年也會有面上長瘡的案例，症狀強弱亦與免疫病態亢奮的能量力度有關。

治不得其法，如西醫藥物治療，或按中醫教科書視之為濕毒熱毒，治以清熱解毒中藥、涼茶等等往往都會令証候陷入複雜狀態，可能症狀會萎縮受制，但身體內在會因治標不治本而受到損害，瘡與疤亦不會自然痊愈。如果用外力如美容、磨面、紅外線激光之類試圖減少瘡疤，身體組織自我修復本能亦會受到影響，就算之後有有效對証的中醫藥治療，瘡疤亦會難以自然消除。

治療過不少成長中被暗瘡嚴重困擾的青少年，如果沒有用外力試圖除去瘡疤，經治療後都能很好地恢復，甚至完全沒有疤痕。

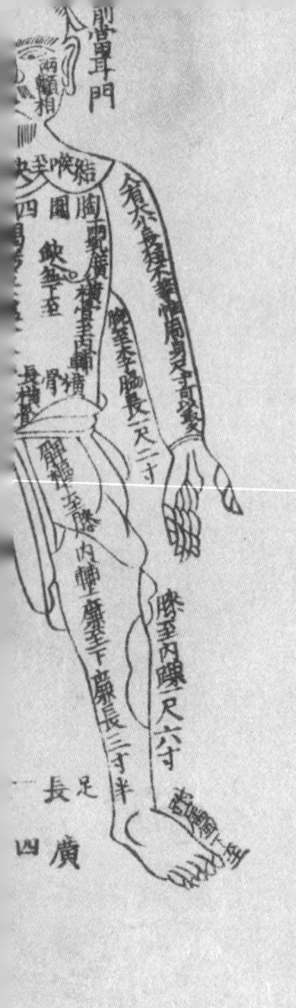

第八章

癌症、骨轉移痛症

癌症發病似是越來越普遍，特別是中年或中年以上人士，這似是與近大半世紀人類普遍長壽，但大環境空氣水土食物卻越來越污染有關。另外更重要的是情緒的影響，現代都市的工作生活與人際壓力造成的抑鬱不快，導致免疫異常低下，也是重要的致病原因之一。

一、有説癌症病患大多是被嚇死的

儘管癌症發病越見普遍，但人們並沒有對癌症有「如實」的了解認識，當被確診癌症之後猶如被判死刑，以致很多個案是擔憂恐懼以致情緒更為低落，免疫機能更見低下，加速預後不良而病亡。

所以有說「癌症患者大多是被嚇死的」，其實並不誇張，而是頗為寫實的論述。

有研究解剖九十多歲長壽自然死亡者，發現體內多處已有不少癌細胞組織，但並沒有影響死者生前身體器官的運作與正常生活。

也有研究說一般癌細胞初始產生積聚成微細組織，到能被現代檢測儀器驗出需時約七八年或更久。

如果癌組織並沒有明顯影響身體器官運作，並沒有明顯症狀，患者可能不會認真詳細檢查與發現癌腫的存在。**癌腫是否**

緩慢發展或減退或進一步發展惡化，似是人體內免疫機能或中醫所謂「正氣」與變異癌細胞之間相互生剋制約、動態平衡的結果。

亦即是說，當免疫機能或正氣處於一個較高水平，癌細胞發展會受到抑制，人體器官運作也可以沒有受到明顯的影響。似乎九十多歲長壽自然死亡者便是這類個案。

多年前在癌症門診見過不少癌症病患，有些已是擴散全身，西醫放棄治療。患者似是已置生死於度外，並以平常心接受中醫藥治療，結果似是與癌共存，身體器官運作並沒有受到明顯影響，生活質素頗正常下存活遠超預期，超過三五七年、甚至更久。心理狀態、情緒、日常食用，與是否得到有效有水準的中醫藥治療似是決定因素。

當癌腫已影響到身體器官的正常運作，手術電化移除是適當的治療，但身體與免疫機能的大環境並不會因而有所改善，更可能因手術電化對身體的破壞而變得更差。

如果患者身體器官正常運作並無明顯障礙，或是切除手術後希望身體內在大環境、免疫機能有所改善，保守療法、有效的中醫藥治療似是更好的選擇。

二、中醫治療癌症骨轉移痛症

也常見癌症患者中晚期骨轉移引發的痛症，良好的中醫對証治療也是非常有效。數年前曾治療過一骨轉移痛症的個案，尤其是常夜半痛醒，非常難過，經過不到一個月的治療，痺痛大減，精神與睡眠質素大幅改善，能一覺到天亮。

約十年前亦曾出診治療一年約八十、肺癌末期骨轉移引發全身骨痛嚴重、需臥床休息的個案，西藥止痛並不有效，脈象沉弦硬澀、舌象暗紫、精神萎靡，是體內積聚的表現，治療身體當下的証候、症狀為第一要務。開出兩方，第一方馬上服用，第二方早晚服用三天。三天後病人在菲傭陪同下到診所覆診，疼痛大減，精神狀態頗有改善。

如果癌症病患被確診後不會被嚇倒，能如實地、從容地面對病情，著意改善精神心理情緒狀態，選擇適切的治療，標本兼治，大都會有良好的預後。

近年西醫的標靶藥治療與免疫治療效果良好，但醫療費用高昂，並有一定的副作用。相對廉宜並能改善免疫機能與身體大環境的中醫對証治療仍然有很大優勢，亦是更好的選擇。

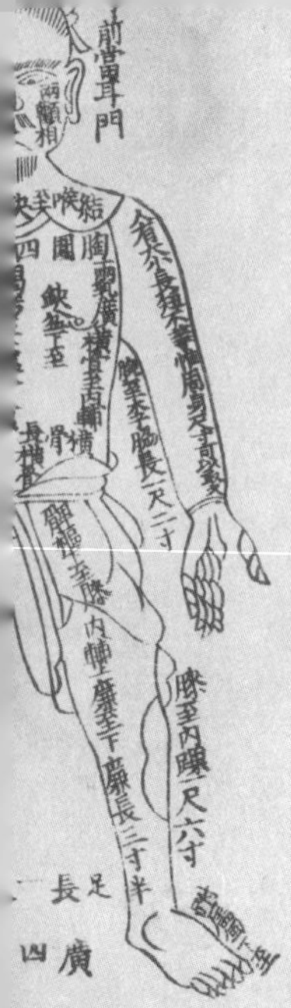

第九章

中醫學術的迷霧與誤解

中醫學術是建基於早熟與超前的永恆原則之上，是天人合一與整體概念。這原則下的學術內容是中醫學者業者們隨著時空改變、對天人與整體的認知了解與增益不斷進步而演化改變。中醫學術是不斷成長、具有無窮生命力的學術。

兩千年前《傷寒論》的意義內涵亦需隨著社會環境、人們對天人整體理解的進步而改變。但都是在六經辨証理論下，各種各樣外感病邪入侵人體後，在不同層次、不同狀態病理反應的綱領下，不斷被充實以應對不同時空、不同種類外感病邪的挑戰。

中醫學術數千年來的演化產生了不少誤讀誤解與迷霧，並大大影響了普遍中醫治療應有的療效。

一、對藥量使用的誤解，與必需原方原量的誤解

堅持原方原量，迷信原方原量，尤其是認為《傷寒論》經方的原方原量不作加減，有神秘治療效果等信念，對中醫學術的發展進步並無好處，亦並不合理。

兩千年前藥物沒有大規模栽種，很多仍需要野生採集，是不易得並珍貴的物資，可以想像古人用藥並無太多選擇，因而會盡量節省，非不得已也不會耗費多用。

漢代的度量衡到現在仍沒有統一確切的考證結果，現代對《傷寒論》藥方，即經方原來的藥物使用量有不同的研究判斷，日本醫家對經方藥量的考證與判定比中國傳統小得多，小到有些可以不用煎藥，將藥磨成粉包裹在四方小紙封內，需要時倒入口中服用。原因也是顯而易見，中藥在日本比在大陸更稀缺，大部分需要從大陸進口，更見昂貴。日本醫家很多都支持用原方，不太贊成對原方作加減，除了經濟原因，藥方加減需要更多理論基礎支撐，需要閱讀更多漢文醫籍。這都似是藥物加減、或用更多藥物不普遍的原因。現代日本法定容許的漢方使用亦是要用原方成藥，不能加減。

現代認真學習研究中醫學術的業者都深信《傷寒論》的重要性與有效性，但在應用中會感到無比困惑，因為經方用藥似是精煉至極，味數常是極少。很多業醫者都會覺得很難使用原方取效。但仍有研究者深信約 113 條傷寒論方，即經方，就像 113 條萬能鎖鑰般，不同的疾病証候猶如不同的鎖，只要辨証準確，都可以用這 113 條鎖鑰打開而令疾病治愈。

其實無論是經方或其它方劑，經得起多年臨床考驗流傳下來的都是先輩們的心血結晶，啟示後學組方的規矩法則與治療的理法方藥。組方的目的應該是針對某一証候與相關症狀，即特定的身體整體病理狀態與局部症狀。方劑背後的理念法則才是中醫學術治療疾病的靈魂、核心所在。

《傷寒論》第 96 條關於「小柴胡湯」的條文，很清楚有記載藥味加減的說明。堅持只用原方不作加減是完全背離仲景先師原意與《傷寒論》的精神。《傷寒論》第 16 條更訓誡業醫者對待病人病情的反覆變化要「觀其脈証，知犯何逆，隨証治之」。亦是說明治療要隨著病人身體整體狀態變化靈活變通，不能墨守成規。

現代日本漢方以原方不加減的做法，似是建基於對中醫學術類似是行外人般的重大誤解之上。認為中醫學術是純粹的「經驗醫學」，是建基於傳統中醫對藥物藥性、或複方藥性功效的認識了解與經驗之上，是西醫般以藥物對應症狀或疾病的治療。所謂整體概念、辨証論治、陰陽五行等等理論只是幌子，純粹玄學理論，並不科學與並不可信。所以「廢醫存藥」是最好擺脫不合時宜封建舊學的政策與安排。用現代科學方法研究中藥與複方的效能，可信可靠程度會更高。

並以西醫用藥的概念去應用漢方。西醫的概念是這中藥、這方劑、這複合組成的藥物有何功能？適用於什麼病症？對什麼病症有療效？於是日本漢方的研究亦是朝向這方面發展，研究每條方劑的適用病症。結果在上世紀末便曾出現過因研究發現小柴胡湯對慢性乙型肝炎有療效，受過漢方治療訓練的日本西醫會處方小柴胡湯給慢性乙型肝炎病人，但結果是發現治療引發頗多間質性肺炎病患個案，引起社會關注，令社會大眾對漢方治療的可靠性更是存疑。儘管事後有諸多研究報告說兩者並無關係，但很清楚的是以西醫概念使用中藥、以藥物效能對治症狀的一般直觀做法是很有問題，並不可行，亦並不是傳統的中醫學術。

中醫學術並不完全直接針對症狀，而是研究用怎樣的理法方藥去調整病人身體整體失衡的狀態，令至趨向與達至和平，從而令引致局部症狀背後的動力，即身體整體失衡的勢態減輕或消失，自療自愈，局部症狀亦隨之減輕或消失。

日本「廢醫存藥」與原方不改地使用漢方至今已過百年，與中醫傳統大原則「辨証論治」地使用中藥與加減方劑已是漸行漸遠。

中醫方劑主要是針對身體整體的病理狀態與相關局部症狀、是「証」與「症」的治療。隨著患者個人體質不一樣與症狀不同，方劑是需要隨實際情況加減更改的。但遺憾現實是現在大部分中醫業者都似是用西醫概念去用中藥或方劑，即是簡單地以中藥效能針對病人「症狀」開藥方，甚至是按不同複方的適用症疊加一起治療病人不同症狀。這是簡單直觀容易的做法，卻完全與傳統中醫辨「証」論治，以治療身體整體為優先的大原則完全背離，很難會有預期療效或好療效。

在過去二千年間，有數之不盡的方劑流傳至今，有不少是所謂經驗方、針對症狀的方劑，這些方劑對藥物藥性的認知了解有很大的貢獻。有更大學術價值與啟發的都是立論清晰、有理論支撐的、有結構、針對証與症，即身體整體病理狀態與局部症狀的方劑，有些還會突顯某些藥物的個別作用。研究這些方劑衍生出一類方書、方論，解釋方劑合乎「理、法、方、藥」的組成原理，亦是傳統中醫學術著作的一個重要組成部分，演變至現代便是中醫統一教材其中一門基礎學科「方劑學」。

二、誤解方劑用藥味數要少

聽過看過一些「大師級」前輩訓誡後學要用藥精煉，味數越少越好、越見功力，如古方大多是味數不多。但遺憾並不能完全同意。

古代夭折率甚高，能長大成人，期間無可避免都要接受無盡大氣中微生物病毒細菌的挑戰與考驗，如水痘、麻疹等等。古代並無現代的預防疫苗，能順利成長的體質上大多是強者，無論是抵抗力或免疫機能。古時生病亦不會有現代對治症狀的西藥去削弱自身的抵抗力、免疫力。所以一發病，症狀與反應相對會較激烈。可以想像在與現今醫療環境與對疾病認知完全不同的古代，發病如處理不慎，預後轉歸不良，甚至死亡也是常見。所以一般都會戒慎恐懼地對待疾病，並治療休息一段較長時間，古代生活工作的要求與壓力相對寬鬆，患病時容許有較長時間治療與休養是可以想像的。

體質強、抵抗力、免疫力強，發病時症狀會明顯激烈，病情演化過程中亦較易有不同層次的身體病理反應狀態，亦即《傷寒論》六經不同病理狀態亦可能會分別依次出現。

古代中醫都會專一對付疾病演進的每一階段，遵循「先表後裡」的原則，如外感初起、病在太陽，會主治太陽病証。不愈、轉入陽明，便會改變方藥治理陽明病証。之後或轉入少陽，或轉入三陰，都會按病情的演進改方換藥，所以用方相對簡短。《傷寒論》中是清楚地闡述六經各自不同的變症與治法。

但在現代社會，在約近百年西醫作為主流醫療手段的情況下，如前所述，普遍體質已大不如前。除了未受過西醫藥洗禮的嬰幼兒童以外，並不多見外感初起會有強烈的太陽、陽明症狀，即典型外感症狀，大部分外邪都會進入三陰，或夾雜輕微不典型的三陽症狀，顯現並非單一層次卻是複雜但不激烈的病況，亦會有進入三陰但無明顯外感症狀的情況。如果是侵入性損害性強的外邪病毒，甚至會有彌漫三陰三陽，損害心肝肺腎，導致有危重症狀，如高熱、咳嗽、昏厥、抽搐等，類似如瘟疫、沙士，或現在的傳染性新冠病毒肺炎般。

現在人的體質、社會環境等醫療實況與古代已大不相同，如古代中醫治療般先治表、後治裡逐階段逐層次地治療已並不可行，人人都希望儘快解決疾病症狀，然後繼續上班上學正常生活。現在常見的亦是多層次多經合病併病的複雜証候，更需要的是表裡同治，令病人能快速康復，回復正常工作生活。所以更是要以全面全方位整體治療為主要原則，用藥精簡也只能是對遵從主要原則全方位整體治療用藥下的監督制約。

三、外感是有餘之証，只瀉不補。內傷是不足之証，只補不瀉

金元四大家開啟後世溫補一派的李東垣（1180-1251）在其著作《內外傷辨惑論》中亦強調這自古以來的治則：「概其外傷風寒，六淫客邪，皆有餘之病，當瀉不當補。飲食失節，中氣不足之病，當補不當瀉。」

李東垣已是非常接近中醫調動身體自身的正氣抵抗力，協助身體自療自愈等大原則的醫家，但限於當時對人體病理反應的認知，他也認為沒有明顯典型外感症狀的不是「外感」，而是「內傷」，認為內傷需要補。並認為當時業醫者不認真辨別外感內傷，幾乎將所有病患都當作是感染外邪的外感病人，一概簡單地用汗吐下袪邪方法治療是嚴重的治療失當，令很多病人被誤治而死，於是提出要辨別清楚「外感」與「內傷」才可以決定治療方法。

時代認知所限，李氏並無概念抵抗力、免疫力虛弱的虛人

外感才會有低熱，並提出「陰火」理論，認為這類並非外感，而是飲食勞倦、中氣不足的內傷，當補不當瀉。提出的治療方劑中有對後世影響巨大的「補中益氣湯」，組成如下：

柴胡，升麻，黃芪，人參，白朮，炙甘草，當歸，陳皮。

李氏認為是飲食勞倦、中氣不足、陰火恣盛的病人，其實從現代宏觀整體的角度，是抵抗力、免疫力不足，因而並無典型強烈抵抗症狀，只有不典型低熱症狀，是外感病邪入裡入三陰的症狀表現。到最後，他認為：「不問形氣有餘並形氣不足，只取『病氣』有餘不足也，不足者補之，有餘者瀉之。」儘管李東垣對病因病機的理解並不完全準確，但他提出的治則、補瀉的方向與正確的治則已是非常接近。**所謂「病氣」，可以理解為身體正氣抵抗病邪的力度強度。病氣不足亦是症狀強度不足，亦是正氣不足抵抗力弱、沒有典型症狀的表現，所以是「不足者補之」。**

現代也聽聞有中醫業者會用李東垣的名方「補中益氣湯」治療外感病人。

西方傳統也會有外感病人服用不肥膩、不會對消化系統造成負擔的「清雞湯」，在患病期間補充身體資源，是很有傳統智慧、有利於身體抗病與恢復健康的做法。

如果李東垣開啟了後世溫補治療一派，不自覺地偏離治療外感只瀉不補的傳統原則，那可以見到最重要的、依循溫補路線並有新發展的便是明代醫家陶節庵（1369-1463），陶氏研究《傷寒論》，有《傷寒六書》與其它著作。可能是書中文字似是粗俗不夠文雅與理論並不明確清晰，一向不被後世醫家重視，甚至被攻擊，似是到現代人們才開始發現他的價值。《傷寒六書》中的一首藥方「再造散」被收錄到中醫統一標準教科書《方劑學》中，是在治療外感的解表劑裡，風寒、風熱外、第三部分「扶正解表」治療「虛人外感」三數條方劑之一。《方劑學》主編是許濟群（1921-2012）與王綿之（1923-2009）兩位前輩、與其編輯團隊，實在是別具慧眼，能在無盡眾多方書中選出這方。

「再造散」組成藥物有：

黃芪，人參，桂枝，甘草，熟附子，細辛，羌活，防風，川芎，煨生薑。

夏月，加黃芩、石膏；冬月，不必加。

水二盅，棗二枚，煎至一盅，

槌法，再加芍藥一撮，煎三沸，溫服。

《傷寒六書．殺車槌法．卷之三》中記載「再造散」主治：

「治患頭痛發熱，項脊強，惡寒無汗，用發汗藥一二劑，汗不出者。庸醫不識此証，不論時令，遂以麻黃重藥，及火劫取汗，誤人死者多矣。殊不知陽虛不能作汗，故有此証，名曰無陽証。」

《方劑學》中方義綜論「再造散」用藥：「用熟附子溫壯腎陽，更用黃芪、人參大補元氣……助藥勢鼓邪外出……」

據記載陶節庵在當時是享有聲譽並是有好療效的名醫，但卻被後世攻擊，可見中醫學術自古的發展都是好壞難辨、晦暗不明。

李東垣誤認虛人外感是飲食勞倦中氣不足，治法需補而不瀉。現代有學者認為李東垣的飲食勞倦中氣不足是傷寒之後或類傷寒已是很大進步，但其實是外感症狀並不典型明顯的「虛人外感」。

遠在宋代《太平惠民和劑局方》中已載有治療虛人外感的方劑「人參敗毒散」，組成如下：

人參，柴胡，桔梗，甘草，羌活，獨活，川芎，前胡，枳殼，茯苓。

各等份，甘草半份，加生薑數片與少許薄荷。

這方亦似是受到冷待，不常見有用於治療外感。

無論如何，陶節庵的「再造散」的理法方藥、組方含義是一個里程碑，對虛人外感的治療並不能單純補或瀉，是要補瀉兼施，或攻補兼施，甚至是補重於瀉，全方位補助病人正氣，令病人免疫機能有足夠力量祛邪外出而自愈。

在治療外感方中用黃芪、人參等補益藥似是有受到李東垣「補中益氣湯」的啟發，亦打破了以往治療外感只瀉不補的禁忌。可惜陶節庵的著作並不被人看重與留意，「再造散」亦太違反治療外感只瀉不補的傳統原則，儘管是列在教科書中，也似沒被廣泛重視與應用。

《傷寒論》中頗多方劑都有攻補兼施的內涵。《方劑學》中「虛人外感」有載「麻黃附子細辛湯」與「麻黃附子甘草湯」兩首經方，每方只用三味藥，是治療三陰病、少陰傷寒的方劑。傷寒、外感病邪能深入陰經已算是虛人外感。麻黃細辛祛邪是攻瀉之藥，附子溫陽有輔助攻邪與增強機能的補益含義，炙甘草有調和寒熱，並有補充資源補益的含意。

可以想像漢代黃河流域中原一帶是政治經濟文化中心，來自南方長江流域蠻荒之地的越國婢女，都會是身體壯實，外感病患時身體反應亦會激烈，並非虛人外感。經方中就算是治療越國婢女的外感，簡單組成的「越婢湯」亦是攻補兼施，很有組方內涵，是治療外感的有效方劑。組成只有麻黃、石膏、炙甘草三味，加生薑、大棗。麻黃、生薑發汗解表祛邪，石膏清裡熱火熱解渴生津，炙甘草是調和寒熱與大棗並有補充身體資源、補益作用。從歷代至今對「越婢湯」命名的誤解誤讀便可知業醫者普遍水平低下，對學術理論亦同樣有諸多誤解誤讀，導致學術發展道路晦暗不明。

《傷寒論》少陽病篇，少陽受邪、少陽病的主方、「小柴胡湯」的組成：

柴胡，黄芩，半夏，人參，甘草，生薑，大棗。

是針對外感病邪已不在人體表層的太陽陽明，已沒有典型外感症狀，而是進入半表半裡的少陽。「小柴胡湯」是治療八法中的和法，和解之法的典範，治療並非表証，而是外感病邪開始深入三陰前半表半裡少陽的証候。歷代醫家有識之士的方論都會強調其中人參助長正氣的重要性。

稍複雜的如厥陰病篇的「烏梅丸」、「麻黃升麻湯」都是寒熱並用、攻補兼施的治療典範。

民國嶺南四大家易巨蓀《集思醫案》殘篇中有記載在廣州鼠疫期間曾用《金匱要略》中的「升麻鱉甲湯」加減、治療並獲得良效。「升麻鱉甲湯」亦是寒熱並用、攻補兼施的方劑。

陶節庵之後，另一個里程碑也是在明代，是醫學世家，父親與自己是太醫，自己曾升任御醫的薛立齋（1487-1559）。薛氏精通內外婦兒瘡瘍骨傷各科，開始時似不被重用，只能做外科瘡瘍的瘍醫，後來獲用時以內科名聲更顯著。薛氏以自身的學驗事功證實了自古流傳對中醫的期望與標準，「好的中醫是兼通各科，並不分科」。儘管薛氏精通各科，仍有被後世誤解與抨擊，認為他的治法粗疏，偏於補法。是到了現代其學術價值才開始被有識之士了解重視。

現在流傳薛氏最完備的著作是《薛氏醫案》，並不是簡單記錄他自己醫療病案病例的醫案類書，而似是薛氏放在自己案頭上，認為是學醫者必讀醫書的集合。有自己與父親薛鎧的著作，也包括了自己加注改編過的一些經典名著，合共彙集了 24 種醫書，涵蓋內外婦兒瘡瘍骨傷各科。薛氏受宋代兒科大師錢乙（1032-1113）著作《小兒藥証直訣》的臟腑辨証與金元易水學派張元素、李東垣等溫補脾胃學術影響極大，並開啟了明代周慎齋（1508-1586）、查了吾、明末醫僧胡慎柔（1572-1638）一系，著重臟腑辨証、溫補治療並尤其精於脈診。有著作如《周慎齋醫學全書》、《醫家奧秘》、《查了吾正陽篇》、《慎柔五書》等存世，可惜也是流傳不廣，影響不大。

實在有幸《薛氏醫案》是較早期買到與接觸到的古籍，如果有入門引路者或令後學永不退棄的話便是薛立齋的著作。薛氏的理論與治療最能體現中醫學術的核心精要，即調動協助身體的本能與正氣、抵抗力、免疫力，完成自療自愈。沒有這部分，《傷寒論》六經辨証亦似會晦暗難明，難以完全充實與被充分發揮。

薛氏的《內科摘要》、骨傷科的《正體類要》，還有瘡瘍外科的《外科發揮》、《外科心法》、《外科樞要》、《外科經驗方》等等，都是有志於中醫學術研究者、對療效有要求者必讀之書。

薛立齋（1487-1559）似是承先啟後，儘管明代溫補一系名家輩出，如明代同期的汪石山（1463-1539），之後的孫一奎（1522-1619）、張景岳（1563-1640）、趙獻可（1573-1644）、李中梓（1588-1655）等，都是對理論學術有貢獻的名醫大家。但遺憾卻似沒能很好地回應明末溫病瘟疫的挑戰。歷史的鐘擺似便因此擺向另一極端，直觀地以寒涼藥對治溫病瘟疫的溫病學派因而崛起並興盛至今，已是數百年。

溫病學派用寒涼藥或能稍減溫熱症狀，或將病情轉為慢性，病人健壯的或能自愈，卻不能根本地治愈瘟疫溫病。

西醫藥對治症狀減輕症狀，亦不能根本地治療治愈外感病毒引起的傷風、外感、流感、溫病、瘟疫、沙士、肺炎、傳染性肺炎、新冠病毒肺炎……更大機會是藥物加重病人心肝腎的負擔，更削弱病人的免疫機能，加速原來體弱的病人死亡。

只有中醫藥對証治療，內外兼治，攻補兼施，寒熱並用，改善症狀，補充身體資源，並同時調動增強人體的免疫機能，才可以真正有效地治療這類高度傳染，並容易轉為危重的外感病毒性傳染病。

中醫藥並不是簡單地殺菌、殺病毒，亦沒有這樣的效能。而是治療平衡人體整體病態失衡，調動人體的抵抗力、免疫力戰勝病原病毒。人體狀況因時而異亦因人而異，所以需要針對不同病人、不同體質、不同時空的身體証候而使用不同的方藥。並沒有一種人人皆可、時時可用的成藥可以完全解決問題。

四、斂邪

外感用瀉法其中一個原因是古代醫家大多認為外感用補法治療會同時助長邪氣，收斂病邪，令邪氣更盛與更難被發散，更難祛邪外出。

但從根本的理論角度，是身體正氣、抵抗力、免疫力不足，才會感染外邪。《黃帝內經．素問》第七十二篇〈刺法論〉中提到：「正氣存內，邪不可干。」又提到：「邪之所湊，其氣必虛。」清楚說明是身體虛弱、衛外之氣、正氣、抵抗力、免疫力不足才會感染外邪。

古代人體質較強，外感容易通過休息而恢復。就算是要就醫治療，由於藥物相對缺乏昂貴，藥物使用也會是越少越好。除了因傳統尊長敬老，一般都不太會兼用補法治療加速療效。似亦因此經歷千百年衍生出「外感是有餘之証，只瀉不補。內傷是不足之証，只補不瀉」這樣的「鐵律」。其實「補」並非邪正皆補，認識藥物的「性味歸經」並適當運用是可以令治療補得其所，補益正氣助力祛邪而不斂邪，猶如之前談到「寒熱並用」溫陽強心用得其法亦不會令病勢更盛。

西方傳統外感時也會有飲清雞湯滋補身體資源的做法。

所以，攻補兼施、寒熱並用才是今時今日中醫學術治療普遍是虛人外感的有效法門。外感無論是風熱、風寒、溫病、瘟疫、肺炎、傳染性病毒性外感等等，都可以完全奏效。

五、陰虛火旺

傳統中醫以陰陽理論解釋人體的寒熱表象，很多時並不能盡如人意。《黃帝內傷・素問》第五篇〈陰陽應象大論〉：「陽化氣，陰成形。寒極生熱，熱極生寒。」「陽勝則熱，陰勝則寒。重寒則熱，重熱則寒。」

於是便有陽極生陰、陰極轉陽、真寒假熱、真熱假寒等不能簡單直觀地解釋的一些寒熱症狀「假象」。不被假象迷惑，獨排眾議，大膽用藥而成功能成就一些業醫者的名聲，但亦往往令到沒有足夠學驗的業醫者疑惑不定。

而「陰虛」、「陽虛」則似是簡單一些，不會容易被誤認的証候。

《黃帝內傷・素問》第六十二篇〈調經論〉：「陽虛則外

寒，陰虛則內熱。陽盛則外熱，陰盛則內寒。」

陽虛身體機能低下，產生熱能的動力不足，中氣不足，體溫不足，手腳冰冷是可以理解的。身體健康，有足夠體溫，也是可以理解的。身體資源不足，缺乏冷卻平和的能力，陰虛則內熱，從陰陽的理論角度看，也似是可以的。但從身體實際角度卻並不一定，資源不足，飢餓，似乎是陽無陰以化氣，也會是手足冰冷，體溫不足。資源不足只有通過進食，有效地補充身體養分，才可能解決。

從一個志在存活的有機體角度，資源不足只有覓食補充資源，不太會隨便浪費資源能量發熱。一個健康的嬰孩四肢肌膚常是涼快乾爽的。一個健康正常的有機體的內在體溫亦應該是固定在正常穩態之中，內在的匱乏需要尋找外在資源輸入而解決，或調整身體內在貯備的資源而達至陰陽平衡而解決。

只有外邪入侵，在病態之中，免疫機能被挑動至應激狀態之中才會發熱。

所謂「陰火」、「陰虛火旺」，如果加入現代元素去考慮解釋，正正是虛人外感，因抵抗力、免疫力弱而無典型外感症狀甚至沒有症狀，只有內熱。而持續內熱亦不斷耗損真陰、身體資源。從片面的四診診斷，是可以得出「陰虛火旺」的結論。但如能更全面的四診診斷，那便是外邪進入三陰的裡証，並有耗損真陰、陰虛火旺的兼証。

六、藥有三分毒，評估中醫治療是否對証

傳統有一說法是「藥有三分毒」，意思是不能長期服藥。這是提醒人們不能隨便服藥的忠告，亦可能會是誤人不淺的老生常談。自古藥物與食物之間頗有重疊，並沒有很明顯清晰的界線，所以有「藥食同源」之說。性味寒熱偏頗的本草藥石會被作為藥物，以糾正病患失衡時身體的陰陽寒熱偏頗，而性味寒熱較平和能充養形體的便會用作食物。當身體有疾患失衡時便需要服藥糾偏，直至康復平衡為止，不會因「藥有三分毒」而中途間斷停止。

不對証的藥物當然是不能服用，至於方劑藥物是否對証，其實一般病患者都能自己感覺得到。**一個長期病患身體失衡的人，自己可能已逐漸適應習慣，但亦猶如是久渴的狀態，對証的中藥治療一開始便似是久渴之後飲水般受用，身體的失衡驟然有些逆轉，感覺應該是明顯而良好的。**

如果是長期治療，對証治療的良好感覺也會如報酬遞減定律所描述般，慢慢淡化。

治療會否有良好感覺與能否在三數帖藥間有效治愈外感高熱或咳嗽，便可反映中醫治療的水平是否合格。

中醫藥的「毒」更多是指寒熱偏頗至不適宜日常食用。寒熱偏頗的「毒」藥，用得其法，能對証治療糾偏治愈整體失衡

的病人便是聖藥，不能對証使用令病人失衡整體更趨複雜的話，就算是大補益藥，也是「毒」藥。所以自古人們都會盡力尋找有療效有學驗有功力已領悟入門的業醫者。

至於藥物本身所具有的毒性都會通過藥物炮製或藥物配伍其它藥物而解決。中藥炮製自古已是一專門學問。另外，有現代科學藥理研究監管配合下，中藥使用被規管下亦會更安全。但亦增加了不少限制，令中醫學術不能更好地發揮。

如現在中醫似不能用生附子，只能用炮製過藥效減弱的熟附子，並且用量也頗受限。事實是生附子的毒性在久煎約一兩小時已全然分解。在附子最著名產區——四川江油，附子是當地傳統食物，久煎後會被當作主糧食用。

古代常用劇毒藥久煎或炮製後作急救用。如薛立齋《內科摘要》第一個醫案：「車駕王用之，卒中昏憒，口眼喎斜，痰氣上湧，咽喉有聲，六脈沉伏，此真氣虛而風邪所乘，以『三生飲』一兩，加人參一兩，煎服即蘇。」

書中「三生飲」的附方描述：「治卒中昏不知人，口眼喎斜，半身不遂，並痰厥氣厥。南星一兩生用。川烏去皮生用，附子去皮生用各半兩。木香二錢。上每服五錢，薑水煎。」

生南星、生烏頭、生附子都是劇毒藥物，但久煎後能去除毒性，薑水亦能解毒。現在這三味藥已被禁用，當然現代中醫亦沒有機會治療急症病人，西醫在儀器設備下治療急症會更穩妥亦已是法定程序。

另外，如古代中醫用砒霜治梅毒，用馬錢子治跌打痛症都有良好療效，古代是通過炮製與配伍其它藥物解決毒性問題。但亦是因為此類藥物有劇毒，現代中醫已不能使用。現代西醫從古代中醫治療中得到靈感卻可用砒霜製劑治療白血病。

另外關於久服中藥會引起的疑慮是現代普遍環境污染下，中藥的重金屬與殘餘農藥會否超標？隨著濃縮中藥更普遍地被使用，這方面的監管與控制似亦變得更容易與更有效。

七、藥不瞑眩，厥疾弗瘳，中醫療效的誤解

《尚書》〈說命〉一文中提到：「若藥不瞑眩，厥疾弗瘳。」大意是說服藥治病，若服後沒有感覺頭暈目眩，那病是不會好的，言下之意是藥物似並不對証有效。可以想像三千年前的醫療水平與成見，認為有效藥物服用後必定會有暈眩不適、令人有大反轉的感覺。這思想可能至今仍然存在，安慰自己服藥後不適是治療過程中常見與正常的。只是現代人太怕辛苦了，不太會像古人那樣堅持。

如之前提過，對証有效治療，會令身體整體失衡逆轉，身體是會有緩解放鬆舒適的感覺，但過程中也可能會因抵抗力、

免疫力增強而有一些短期波動如排斥病邪活動、腹瀉、或嘔吐等，但總體長遠都應該是向恢復、好轉、感覺轉佳的方向發展。

八、「熟讀王叔和，不如臨症多。」中醫年紀越大療效越佳

清代章回小說《儒林外史》，有被翻譯成多國文字，是頗有影響力、諷刺當時現實的作品，第三十一回提到一古代名句：「熟讀王叔和，不如臨症多。」王叔和是晉代太醫令，編輯整理過張仲景的《傷寒雜病論》令至可以編次成書與流傳後世，著作了第一部脈診學專著《脈經》並彙集了一些古代醫學文獻，是張仲景以後的重要醫學人物，對中醫學術能頗完整地流傳後世貢獻鉅大。自古醫家都會認為熟讀《脈經》對脈診的掌握非常重要。

「熟讀王叔和，不如臨症多。」卻似是說明自古人們都不自覺地認為中醫學術是一門經驗醫學。理論的重要性次之，最重要是實踐經驗。中醫年紀越大，經驗越多，治病能力亦越強，療效越佳。這誤解至今依然。

經驗對任何學術技藝都重要，是無庸置疑的。但中醫學術並非簡單的經驗醫學，相反卻是要對抽象的天人合一整體概念的領悟、對醫理的領悟，亦即是對人體病理反應順逆治理的領悟的高低，決定辨証論治的高低，決定治療效能的高低。亦即

是說讀書領悟是關鍵，讀書領悟後的經驗才是更有效的經驗，而這讀書領悟並不一定與現代的學歷有關。

宋代史崧向朝廷獻出家藏完整版本的《黃帝內經》另半部分《靈樞》並作序，序中談到：「夫為醫者，在讀書耳，**讀而不能為醫者有矣，未有不讀而能為醫者也**。不讀醫書，又非世業，殺人尤毒於梃刃。」

清代官修醫學教科書《醫宗金鑑》〈凡例〉中提到：「醫者，書不熟則理不明，理不明則識不清。臨証游移，漫無定見，藥証不合，難以奏效。」

清代溫病學派頂峰人物、醫學大師葉天士頗為悲觀，臨終前告誡子孫：「醫可為而不可為。必天資敏悟，讀萬卷書，而後可借術以濟世。不然，鮮有不殺人者，是以藥餌為刀刃也。」

清代溫病學派集大成者王孟英的《王孟英醫案》中云：「苟非讀書多而融會貫通於心，奚能辨証清，而神明化裁出其手，天機活潑，生面別開，不愧名數一家，道行千里矣。」「識見之超，總由讀書而得。」

說得最全面的是遼寧名醫張奎彬，著作《張奎彬醫學引階》中提到：「古今天下事，未聞不學而可為，亦未聞學之未精，為之即精者。」「雖然**有善讀書而不善臨証者，然斷無昧**

於醫書而精於臨証者。故必先讀書以培其根底，後臨証以增其閱歷，始為醫學之全功焉。」

說得最透徹的是清代醫家姚龍光，著《崇實堂醫案》中提到：「**熟讀王叔和，不如臨証多。此乃世醫欺人之語，非確論也。心中無此理解，即臨証百千，仍屬茫然不悟。所以，多讀名賢專集為第一義。**」

中醫學術似類近傳統技藝，以讀書領悟為第一要義。亦有如禪宗修煉，悟後起修，悟後經驗才是更有效之經驗。

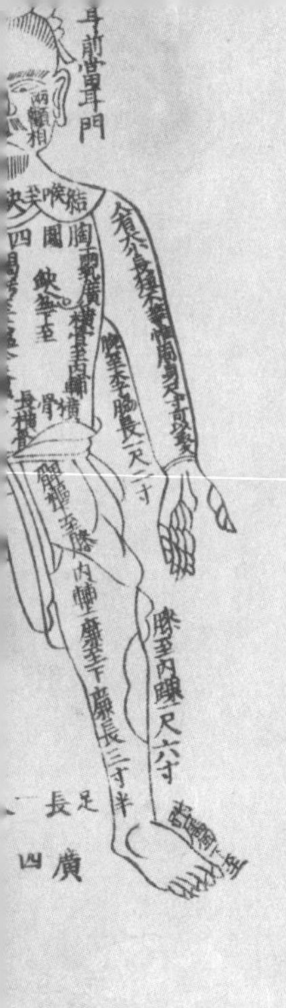

第十章

中醫學術的轉折

儘管中醫學術是建基於超前、圓滿自足、早熟的概念上，天人合一、整體概念。但限於古代的科技文明與古人對宇宙萬物的認知水平，並不能很全面地理解與充實個中意義，導致中醫學術在過去兩千年的發展跌蕩迂迴、左右偏歪。

一、成方、溫補治療、中醫學術的歧途

自公元約 200 年《傷寒論》成書，至宋初公元約 1100 年左右，朝廷詔天下進有效藥方，由官方太醫局驗試，經採用後由官方按方製藥出售。歷時約 30 年彙集民間獻方，經名醫陳承、裴宗元、陳師文等校正而成的《太平惠民和劑局方》，亦稱「局方」，局方在之後百多年亦不斷有增補重修，現存增訂本載方 788 首。局方確實是民間的藥方精粹，很多到現代仍然通用，如「藿香正氣散」，治療一般外感食滯等腹瀉效果甚佳，是遠勝於現在流行、進口自東鄰的止瀉丸。局方在當時流傳極廣，影響巨大，但亦可以看到自唐至宋，偏向成方成藥，偏愛溫補等歪離中醫學術根本的潮流，中醫學術的根本是追尋與治療症狀背後的病機証候。以成方針對症狀的使用，猶如現在西醫針對症狀的療法，是簡易以藥對症狀的療法而不顧症狀背後身體整體的狀態。這當然是一般人的常識做法，亦可反映出能夠真正辨証論治的中醫業者自古至今並不普遍。

金元四大家集大成者、朱丹溪著《局方發揮》，批評以成

方成藥治病，論述「局方」雖然是集前人之效方，若不明病原、病機之變化，不知方藥加減之變通，以不變之方應萬變之病，則藥証實難相符，藥証不符，則難言治療與治愈。

古代夭折率甚高，能長大成人的大多有強壯體質，抵抗力、免疫力強，加上偏好溫補，在宋金元之際政局動蕩、戰亂頻生的年代，情緒稍有波動跌蕩，令抵抗力、免疫力低下、衛氣失效，外感病邪剎那入侵，抵抗力、免疫力強烈應激回應下產生高熱症狀，正是當時所描述的所謂「火症大疫流行」，金元四大家的出現似是回應這時代醫學上的難題與需要。

四大家之首劉元素認為「六氣皆從火化」，六氣是概括所有病原性質為「風寒暑濕燥火」六大類，都會引起火熱症狀，所以主張清火。張從正認為治病以攻邪為要。脾是後天之本，李東垣認為「內傷脾胃，百病由生」，主張溫補脾胃。朱丹溪似是四大家最後集大成者，認為「陽常有餘，陰常不足」，主張滋陰降火。劉、張、朱似是各執《傷寒論》的一面治療外感「高熱、實邪、傷陰」之症，而李似更多是繼承雜病論《金匱要略》陰陽五行理論溫補臟腑，治療外感之餘、類外感的內傷之症。其實這都是某程度上針對症狀直觀地對治外感火熱症或針對大疫之後，脾胃損傷的表現，並不完全是全面整體論治的治療。但這針對火症大疫直觀對治、清火祛邪滋陰的做法，卻成為明清兩代溫病學派興盛的濫觴。

二、温病學派的興起，温病瘟疫的治療

隨著社會較長期相對穩定，人口增長，學問累積，明清兩代可說是中醫學術的黃金時代。這時期中醫學術發展可約分為三個方向，一是源自《金匱要略》以陰陽五行臟腑補瀉理論為依據，並上承金元時期四大家之一的李東垣發展成為溫補一派，治療著重溫補平衡臟腑，調動自身的正氣自愈力。二是以研究《傷寒論》，認為《傷寒論》六經辨証與經方能治百病的傷寒學派。三是上承金元四大家其餘三家，主張以滋陰清熱祛邪治病，並衍生出自明末至清全期、至近現代的溫病學派。

明清兩代城市人口增長較快，疫症亦頻繁發生，據記載明代 276 年大疫流行有 64 次，清代 266 年大疫流行有 74 次。據記載如明代永樂六年，江浙福建沿海一帶疫症死亡便是數以萬計。傳統醫家以傷寒論方、治傷寒法、治療溫病瘟疫，效果並不理想，疫歿者眾。

中醫傳統根本經典《難經》第 58 難提到：「傷寒有五，有中風、有傷寒、有濕溫、有熱病、有溫病，其所苦各不同。」令醫家更困惑的是《傷寒論》並沒有提到治療溫病，似乎是隨著年代久遠，地理環境天氣變異，疾病性質與發病情況亦已完全不同，《傷寒論》論述的六經辨証與治療方藥並不能滿足時代所需。

明末社會動蕩，戰亂頻生，瘟疫流行，傳染性極強，被認為是與傳統中醫學術所認定大致能涵蓋所有的風寒暑濕燥火六大類病原不同，是一種雜氣、異氣、癘氣、乖戾之氣，是傳染性極高的疫疾，而傳統治法似已不能應付。但其實儘管溫病瘟疫傳染性強或異常，也同樣會具有風寒暑濕燥火等性質。

明末清兵入侵，大疫流行，據《吳江縣志》記載：「一巷百餘家，無一家倖免。一門數十口，無一口倖存。」

為時代與溫病學派發先聲的吳又可（1582-1652）亦是江蘇吳縣人，目睹疫症橫流，醫者卻無能為力，感嘆：「守古法不合今病……醫者徬徨無錯，病者日進危篤，病愈急，投藥愈亂……不死於病，乃死於醫。」乃深入疫區，觀察與治療病患，並總結經驗著《溫疫論》，於 1642 年成書，提出有別於《傷寒論》的新治療法，並指出瘟疫的特性：「非寒非熱，非暑非濕，乃天地間別有一股異氣所感。」疫病流行是：「不可以年歲四時為拘，蓋非五運六氣所能定。」吳氏的感嘆「不死於病，乃死於醫」，其實是自古至今、無論中西的醫療常見實況。

之後溫病學派名家輩出，如葉天士（1667-1747）著《溫熱論》、薛生白（1681-1770）著《濕熱條辨》、吳鞠通（1758-1836）著《溫熱條辨》、王孟英（1808-1863）著《溫熱經緯》……等等，將溫病學說推向高峰，成為自明末、全清至近現代中醫學術的顯學、主流。

三、對溫病學派的異議

經方、傷寒論方之所以不能解決瘟疫病況，似是醫者拘泥於藥方而不知變通？而《傷寒論》亦確實沒有闡述到類似瘟疫溫病的治療。清乾隆道光年間醫家章虛谷卻認為：「溫病初起治法與傷寒迥異，傷寒傳裡變為熱邪，則治法與溫病大同。」似也意識到《傷寒論》治法並非與溫病完全無關。

清嘉慶光緒年間，醫家陸懋修（1818-1886）認為《傷寒論》的傷寒是廣義傷寒也包含溫病在內，完全沒有必要另闢溫病學說另立門戶。認為凡溫熱之治，即當求諸《傷寒》之論。因為仲景《傷寒論》之傷寒字，即《難經》「傷寒有五」之傷寒字，非「二曰傷寒」之傷寒字也。亦即《傷寒論》是為一切外感熱病而設的，非專治冬月傷寒之書。故《傷寒論》中方為用溫之祖，絕不知《傷寒論》中方亦為用寒之祖矣。

陸懋修更進一步說：「溫熱之病為陽明証，証在《傷寒論》中，方亦不在《傷寒論》外。」認為：「病之始自陽明者為溫，即戰自太陽而已入陽明者亦為溫。」

儘管有這樣特立獨行、有見地的另類識見，但隨著歷史洪流的演進，溫病學派已從傷寒論體系分化而出，更成為中醫學術流派中的顯學，成為治療外感熱病、溫病、瘟疫的主流體系。

早在陸氏以前，已有醫家認為《傷寒論》的傷寒是《難經》

提到的廣義傷寒，並不是廣義傷寒涵括五類之一的狹義傷寒。《傷寒論》的精神與理論內涵已涵括所有外感病，只是時代久遠原因，方劑治療方面並不能隨著時代演變覆蓋所有，並努力為《傷寒論》補充新治療法與方藥。著名的有俞根初（1734-1799），以《傷寒論》六經辨証為綱領，結合溫病學派的衛氣營血辨証與三焦辨証，融會溫病、瘟疫治法，結合自己的臨床心得，於 1776 年編撰了一部論述四時外感治法的著作《通俗傷寒論》，將傷寒、溫病、瘟疫治法盡歸其中，重點是論述溫病。此書流傳不廣，後來經醫家何秀山與其孫何廉臣（1861-1929）附加按語與校勘，於 1928 年在醫家裘吉生主編的《紹興醫藥學報》曾陸續刊出一部分，後來再經曹炳章（1878-1956）、徐榮齋（1911-1982）等醫家增訂刪補，篇幅內容增加近一倍，於 1956 年最後更名為《重訂通俗傷寒論》才正式出版增訂過後的全書。

類似主張寒溫兼融、著名的還有吳坤安，1796 年著《傷寒指掌》，從廣義傷寒立論，先古治法、後新治法。既論述六經本病，參以溫熱立論，兼及類傷寒諸症。這書似亦流傳不廣，後經何廉臣重新修訂後於 1911 年出版，改名為《感症寶筏》。

現代醫家萬友生（1917-2003）研究《傷寒論》與《溫病條辨》，大力主張寒溫兼融。認為傷寒、溫病不應該對立，提出《寒溫統一論》調和融合兩派理論。認為《傷寒論》厥陰部分複雜難明，而溫病瘟疫危重症狀、高熱昏厥抽搐與厥陰有關，並撰寫論文《欲識厥陰病，寒溫合看明》講述個人意見。

《傷寒論》經方似不能治療溫病瘟疫，是業醫者未能準確辨証與生硬套用經方有關？或是《傷寒論》未能追上時代改變，沒有配備治療溫病藥方？但溫病學派與其理法方藥是否真的能夠解決問題？理論似是很完美，簡單直接用寒涼藥解決溫熱病，現實卻並非如此。

溫病學派的理論巔峰代表是葉天士，民間傳說葉氏是天醫星下凡，提出衛氣營血辨証法，主張以透邪外出、扶正存津為治療原則，葉氏門庭若市，一生治人無數，並無時間著述，其醫案與主要論述《溫熱論》等，均為弟子侍診時或與弟子講學時由弟子筆錄，逝世後由弟子門人整理彙編成書。時人沈德潛（1673-1769）曾為其作傳——《香巖傳》，傳中有記述葉氏臨終前曾頗悲觀地告誡子孫：「醫可為而不可為。必天資敏悟，讀萬卷書，而後可借術以濟世。不然，鮮有不殺人者，是以藥餌為刀刃也。」與吳又可的感嘆：「不死於病，乃死於醫。」完全一致，實在是發人深省，也是自古至今醫療現實的寫照。

傳聞是葉氏流傳下來的藥方所製成藥「川貝枇杷膏」不僅流傳到現在廣為人用，近年更流傳至國外，被踴躍網購，被長期為西醫藥所苦的西方病患人士所歡迎。

四、温病學派治療的缺失，温陽學派的再現

寒涼滋陰祛邪與扶正存津，其實某程度上也是直觀地針對症狀的治法，病人症狀容易有所緩和，甚至進入慢性階段。「川貝枇杷膏」之所以受外國人歡迎，亦似是能針對在長期西醫藥對治症狀的治療下、沒有整體治療下、對身體的長期損耗能作一些滋潤、彌補與緩和。

如果是一些症狀反應激烈的溫病瘟疫患者，身體原來是健壯的似也可能存活。但如果是稍有虛弱的，或因病邪病毒太深入體內導致身體反應過於激烈者，恐怕情況並不會很理想。儘管溫病學術自明末清初開始發展並盛行至今，但期間因溫病瘟疫而死的仍大有人在。

1926 年，原籍紹興的四川醫家祝味菊（1884-1951）駐診上海，一反當地主流溫病學派的作風，提倡用傳統《傷寒論》常用的大溫熱藥如附子、乾薑、麻黃、桂枝等，並能屢次救治危重病人。似是為回應時代的需要首發先聲，與糾正溫病學派簡單直觀用大苦寒涼藥對治溫熱症的缺失。

近代至今，上海都是溫病學派重鎮，民國 16 年（1927）上海兒科名醫徐小圃（1887-1961）的兒子患重症外感，發熱昏厥抽搐，徐與友好名醫用溫病藥方屢治不效，感嘆「引水不足以解渴，投涼不能以退熱」，束手無策，似只能是坐以待斃。當時祝味菊在上海已有屢救病危的聲譽，似是唯一希望，但一

想起祝氏外號「祝附子」，兒子患的是熱病，請祝氏治療猶如「抱薪救火」，便不願嘗試。但病人已是奄奄一息，到最後別無選擇下無奈請祝氏治療。據記載**服藥翌日，病人身熱漸退，可餵食米湯，並能安然入睡，與日前已然是判若兩人**，之後順利康復。徐氏百感交集，要卸下自己「兒科專家」的招牌，並正式向祝氏拜師學習，後來也成為擅用附子的大家。

類似的有另一滬上名醫陳蘇生（1909-1999），師承溫病學派用藥輕靈之「輕淡之術」，開業不久已有聲名。約 1942 年，近親三人先後罹患重症外感，陳氏自己曾盡力「擋了一陣」，但用藥毫無寸功，最後遍請中西名醫，結果仍然是以病亡告終。陳氏悲傷懊惱，之後希望再尋師學習，後來輾轉接觸到徐小圃，之後再拜師於祝味菊門下。師徒相處甚歡，1947 年由祝味菊口述，陳蘇生筆錄，之後出版了《傷寒質難》一書，以師生問答對談形式，論述了祝氏對《傷寒論》從近現代科學角度的理解、與外感治療的理念，是祝氏最重要的著作。

祝氏在上海的出現與成功，示現著自古零星散落流傳，主張重用附子、乾薑等溫熱藥的中醫學術流派，能大大彌補溫病學派的不足，有效地治療危重疾病。自此約同時期零星散落在不同地點，擅用附子治病的醫家亦被關注並一一浮現。此擅用附子的學術流派到近年被冠以「火神派」的稱號，風格似是每方必重用附子、乾薑等大溫熱藥。

約同時期較著名擅用附子的有吳佩衡（1886-1971）、范中林（1895-1989）、唐步祺（1917-2004）。

吳佩衡在雲南行醫，後任雲南中醫學院院長，有《吳佩衡醫案》與其它著作存世。范中林潛心於《傷寒論》六經辨証研究，有《范中林六經辨証醫案》存世。唐步祺將所學源頭四川鄭欽安（1824-1901）瀕近失傳的遺著《醫理真傳》、《醫法圓通》、《傷寒恆論》三書加以闡釋並合為一書出版，定名《鄭欽安醫書闡釋》，四川溫陽派治療理論始為人所知。鄭欽安原來師從四川儒醫劉沅（字止唐 1767-1855）。

根據後來的研究追查，發現祝味菊、吳佩衡、范中林、唐步祺的學術與用藥風格，均源自同一處，是四川醫家鄭欽安的弟子盧鑄之（1876-1963）於成都開辦「扶陽醫壇」，講述鄭欽安溫陽療法學術。這些醫家早期都曾先後到過聽講，醫壇講學影響所及，同時期直接間接研究學習溫陽療法的還有重慶補曉嵐（1856-1950）、劉民叔（1897-1960）、貴州李彥師（1906-1978）、重慶龔志賢（1907-?）、成都戴雲波（1888-1968）、無錫張劍秋、湘潭朱卓夫（1893-1969）、西昌張紫衣、雲南李繼昌（1879-1982）等，都是當代名醫。

中國西南、四川雲南一帶自古是附子主要產區，火神派溫陽治法興盛於西南似是順理成章。但同時期嶺南廣東一帶亦有流傳推崇《傷寒論》，並擅用大量附子、乾薑溫陽治病，類似四川一系但卻並不相同的流派，即清末民初的「嶺南四家」，陳伯壇（1863-1938）、易巨蓀（?-1913）、黎庇留、譚彤暉，四人師承似亦並不相同。其中較為人知的是陳伯壇，曾到過香港行醫與開設中醫學校教授中醫，著有《讀過傷寒論》、《讀過金匱要略》、《麻痘蠡言》。易巨蓀運用經方似更為靈活，著有《集思醫案》，可惜並未刊行，只有小部分約不到 50 則流傳，其餘已散失，並曾著《集思醫編》，亦已散失。黎庇留著有《傷寒論崇正篇》，並有數十則《黎庇留醫案》存世。譚彤暉於 1894 年曾與易巨蓀、黎庇留一同主持廣州一贈醫局治療鼠疫，其它不詳。

其實用大量附子溫陽治病自古已有，並不限於西南或嶺南一帶，源頭當然要上溯至《傷寒論》。據統計用附子的方劑《傷寒論》約一百一十方中有約近 20 首，《金匱要略》約有 13 首，張仲景（150-219）後不久，東晉葛洪（283-343）著《肘後方》中約有 60 首。

可見漢晉期間，附子是常用藥。

北宋方勺《泊宅編》記載政和（1111-1118）年間朝野舊事，提到：「蜀人石藏用以醫術遊都城，其名甚著。餘杭人陳承亦以醫顯。然石好用暖藥，陳好用涼藥。古之良醫，必量人之虛實，察病之陰陽，而後投以湯劑，或補或瀉，各隨其証。二子乃執偏見於冷暖，俗語曰：『藏用擔頭三斗火，陳承篋裡一盆冰。』」可見中醫學術寒溫之爭與醫家各持己見，似是自古已然。

明代嘉靖年間《浙江通志》記載嚴觀、嚴泰兄弟：「嚴觀，仁和人，其治病也，不拘古方，頗有膽略，用薑汁制附子。或難之曰：『附子性熱，當以童便制，奈何復益以薑？』嚴曰：『附子性大熱而有毒，用之取其性悍，而行藥甚速，若制以童便則緩矣，緩則非其治也。今佐以生薑之辛，而去其毒，不尤見其妙乎？是以用獲奇效。』人稱之曰『嚴附子』。其用藥有法，有方行於世。弟泰（嚴泰）繼兄而出，精於方脈，治傷寒如決川，為時所推。」

另外明代江瓘編輯的醫案經典《名醫類案》與經清代魏之琇重校與再續的《續名醫類案》都有零星記載明代御醫吳球與其它重用附子的醫家醫案。

到明清，附子似已不再是慣常用藥。

附子有劇毒，需炮製或使用得法，否則會有生命危險，這會引起使用者顧慮，尤其是理論基礎不太扎實的業醫者，醫療失誤引致死亡在古代是危險嚴重得多的事。

另外隨著中醫學術兩千年的複雜流轉演變，誤解誤讀，將抽象的陰陽五行虛實寒熱概念簡單化、絕對化、實體化，導致一般業醫者對藥物性味寒熱與病人証候的寒熱關係的理解轉入了死胡同。

《傷寒雜病論》的一部分，被疑是後人附加偽作的《傷寒例》中第 24 條提到：「況桂枝下咽，陽盛則斃。承氣入胃，陰盛則亡。」似乎藥物的寒熱稍有偏差，使用失當，病人便會即時有嚴重生命危險。桂枝性溫，但與大溫熱的附子比較仍是相距甚遠。病人証候陰陽判斷錯誤，就算是用稍溫和的桂枝也會令病人立斃，何況是大溫熱的附子。

明末官場黑暗，醫家汪昂（1615-1695）屢試不第，仕途無望，然後從醫。著有備受歡迎、通俗易懂、實用性強的《醫方集解》與本草名著《本草備要》。《本草備要》對附子的備註中提到：「虛寒而厥者宜之。如傷寒陽盛格陰，身冷脈伏，熱厥似寒者，誤投立斃；宜承氣、白虎等湯。」

汪昂提到常會令業醫者誤判，但緊急危重病人常會出現的「真寒假熱，真熱假寒」的迷惑病理假象，附子這類性味極端藥物，如果用錯的話，後果便是「誤投立斃」。這備註似是上承經典《傷寒例》的第 24 條，以稍靠譜、性味極端的附子代替溫和的桂枝，為似是失誤但不能失誤的中醫學術根本經典稍作粉飾。

更重要的是明清以來，溫病學派已成為中醫學術的主流顯學，簡單直觀、人人理解、習以為是、以寒治熱的「真理」大原則大行其道。《傷寒論》、溫陽治法與溫熱藥物，人人畏之如蛇蠍。21 世紀初曾親歷目睹一教授，亦是行業領袖，講授「中藥學」時提到自己數十年臨床行醫似從沒用過桂枝湯或桂枝，很怕溫熱性藥物引致症狀更複雜與惡化。他自己也確實是師承溫病學派的。

由此可見，自金元以來，隨著業醫者對中醫學術普遍的誤解誤讀，直觀的、常識的以寒治熱、對治表象症狀的潮流泛濫。傳統傷寒學派或溫補學派或溫陽學派似是進入了隱晦不明的境地。直到近現代，經歷了數百年的醫學臨床實踐，已然看到溫病學術實在是黔驢之末，在治療外感熱病、溫病、瘟疫上有非常大的局限性與缺失。

從來覺得吳又可《溫疫論》最大的貢獻是提出了有現代覺知的、瘟疫有傳染易感的特性，與硬搬古方經方治療並不可行。但對其提出的治法與理法方藥卻不能認同。

雖然學術界從中醫學術發展的角度似是高度讚譽《溫疫論》的募原理論與方藥，但少有看見有公開醫案或論文說明應用其方藥的有效性。代我不認同首發先聲的居然是東瀛的前輩。

《溫疫論》成書於崇禎十五年（1642），之後東傳日本，廣受日本醫家研究與討論。據不完全統計，在百年間，日本先後出版了十多種研究《溫疫論》的專著。

感謝近代前輩名醫，是江蘇孟河學派、溫病學派的陳存仁先生（1908-1990），曾東渡日本搜羅當地漢方醫學名著，之後取名為《皇漢醫學叢書》出版。其中有源元凱著《溫病之研究》。1788年，日本流行烈性傳染病，死亡嚴重，記錄描述「延門合戶，為之死者，不可勝計」。源元凱曾積極參與救治，初用《溫疫論》理法效果並不佳，病亡者眾。之後參閱流傳至日本的宋代方書《嶺南衛生方》用附子入藥，結果療效甚佳，病人大部分都能被救治。源氏根據自己治療瘟疫數百例的經驗與心得，編著了《溫病之研究》，評論與糾偏吳又可的《溫疫論》並闡發自己的觀點，書成未及出版而卒，後由其子於1811年出版。之後經陳存仁先生搜羅回國出版，有心研究者才有機會可以讀到。

宋代除了官方積極編修大型方書外，民間名士、醫家亦流行根據經驗心得、或博採眾方、再集精選要、編撰自己的方書。這類方書的醫學理論與對藥性的了解對後世頗有影響。可惜並沒有得到很好的整理出版與研究，部分或流傳海外、或已散佚。

《嶺南衛生方》是一部講述治療嶺南地方傳染病，如瘴瘧蠱毒等的小型方書，宋代李璆、張致遠撰輯，再經元代釋繼洪纂修初刊，明代景泰年間（1450-1456）重刻刊行，正德八年（1513）廣東行省根據抄本重刊，都已散佚。期間流傳至日本歷經數百年，似是在1788年大瘟疫，與源元凱《溫病之研究》

1811 年出版後才引起關注，於日本天保辛丑年（1841）由梯謙晉造刊印。

梯謙氏於序中推崇《傷寒論》但反對硬套古方，提到天保丁酉（1837）大瘟疫及出版緣起：「夏秋之間，札疫泛濫，闔門伏枕。病者大率系上盈下虛及少陰証，當時，遵用古方者，專為汗下，或主吳氏《疫論》荐投下劑，而不曉正氣之虧也。所被大黃死者，十居其九；被附子死者，百中一二耳。」「……余讀《嶺南衛生方》頗得其三昧……蓋此書數百年來，時見時隱……然未刊布於世，不知何人深藏而固秘之……世既乏傳本，遂傍探遠索得數本，校讎訛謬……」

梯謙晉造出版的《嶺南衛生方》在 1983 年由中醫古籍出版社影印在國內出版，2003 年上海科學技術出版社出版的《兩宋名家方書精選》中被收錄，經點校後並改為簡體字出版。

距祝味菊駐診上海至今已約百年，每方必重用附子的火神派發展並沒有想像中熱烈，原因似仍是附子毒性可能會引起醫療責任的顧慮，學術界亦有爭辯是否必需每方數以兩計的重用附子？香港中醫藥管理委員會的《中醫師藥物手冊》中建議每方用 9-15 克，即 3-5 錢，過量而發生醫療事故的話，醫師的後果似是會難以想像。

在西醫藥主導下現代醫療病患狀況更趨複雜化廣泛化，這世紀初前後似又有追尋中醫療效的呼聲，為應付日趨複雜的奇難雜症，重用薑附的學術流派似又再被小眾追捧研究並被尊為「火神派」。現代傳承自鄭欽安、盧鑄之一系的火神派風格是重用薑附再加數味或不到十數味藥，簡約組方治療各類疾病，似是服膺於清代醫家黃元御（1705-1758）著作《四聖心源》與近代醫家彭子益（1871-1949）著作《圓運動的古中醫學》內所提倡的「天人合一，一氣周流」的理想治則。以每方動輒使用薑附各一二兩到數兩不等的溫陽藥，推動身體機能與整體氣機並祈望能逐漸趨向正常運行，身體各類疾患便能得以治療恢復。

親歷目睹過另一類新派「火神派」卻是走另一極端，除了用大劑量薑附，還用大量多味數其它藥物，往往一劑藥會用到超過一斤至三數斤生藥飲片治療疑難雜症，一般普通藥煲亦容納不下。

兩者都並非是大部分醫療現實的反映，其理法方藥並沒有被大部分業醫者所信服。

《黃帝內經．素問》第三篇〈生氣通天論〉提到的**「陰平陽秘，精神乃治」才是中醫治療的終極法則與目標。**

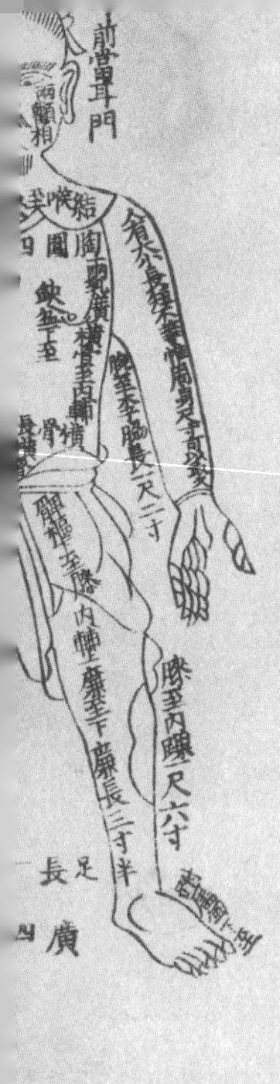

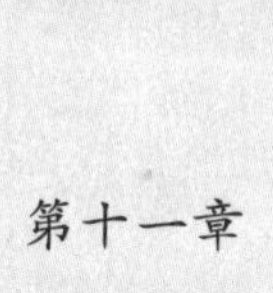

第十一章

傳統中醫學術的終極關懷

中醫學術的終極關懷是什麼？這亦是人類存活在地球之上、大氣之中、宇宙之中，對自身能否儘量存活，身體怎樣爭取最大可能健康與長壽的終極關懷。

中醫學術的根本經典《黃帝內經》與《傷寒論》已有清楚論述，但隨著年代久遠以來的無數誤解誤讀，重點似已接近被忘失，或沒被作為「核心精要」地對待。沒有核心精要的提綱挈領，數千年的中醫學術演變亦似是失卻重心，左右歪離，難以發揮應有的療效。

一、與大氣中微生物和平共存

《黃帝內經．素問》開首第一篇〈上古天真論〉提到：「虛邪賊風，避之有時。」

《傷寒論》六經辨証，都是論述虛邪賊風入侵人體後，由外而內、由淺至深，身體的病理反應規律與治療，亦即是六經各層次主要証候與變証的治療精要與理法方藥。

人體健康最大的威脅是全天候分秒暴露在大氣之中，大氣微生物對人體時刻分秒的威脅。

縱欲、房勞、暴吃、不當飲食，身體也會有厭倦排斥的時候。蚊叮蟲咬，猛獸襲擊，人類的智力經驗可以窺避。但時刻分秒與微生物大氣中共處卻是避無可避、無從知覺，亦不易知覺的全天候挑戰。

二、健康長壽的主要關鍵

攝生不慎，不健康不合理的生活，會削弱身體狀態也必然同時削弱衛外之氣、抵抗力、免疫力，而導致外邪更易入侵，並形成惡性循環。而**外感病邪持續入侵所造成的身體損耗或病變才是早衰或生命短促、不能長壽的最大原因。**

猶如一塊沒有防銹油保護的鐵塊在大氣之中瞬間持續被銹蝕損壞，而防銹油似可類比作人體自身的衛外之氣、衛氣、正氣、元氣、中氣、抵抗力、免疫機能。防銹油、正氣、元氣、抵抗力、衛外之氣、免疫機能，亦會逐漸消耗減弱，導致人體內外易被侵蝕，發展到會被加速侵蝕損耗，使生命力逐漸加速衰減，油盡燈枯，生命終有完結的一天。

多年的臨床實踐中亦證實到診**內傷雜病的病人但同時沒有外感表証裡証的似是百中無一，甚少見過。**亦即是說，似是很難會看到單純內傷雜病而不夾雜外感表証裡証的病人。**外感易會引致內傷雜病，內傷雜病會加速削弱病人的抵抗力、免疫力，令病人更容易被外邪病毒感染入侵，更容易有外感疾病。**

三、「健康」的帶菌帶病毒者

《黃帝內經．素問》第四篇〈金匱真言論〉提到：「夫精者，身之本也，故藏於精者，春不病溫。」衍生出後世醫家的常用一句：「冬不藏精，春必病溫。」中醫學術認為精氣神三者互通並能相互轉化，是生命的根本，精氣神飽滿充足亦代表身體抵抗力、免疫力健康正常。寒冬是一年四季中對人體最嚴苛的考驗，沒有健康飽滿的精氣神，或老弱病患等都不一定能順利渡過每個冬天。

縱欲失精飲食勞倦會削弱精氣神、身體正氣或免疫機能，冬天風寒更易入侵而無強烈明顯症狀。並可能潛伏到春天，大地回暖，身體禦外負擔減輕，人體生發之氣煥發之時，或又感受新的外邪，便會顯現或併發出溫熱症狀。

《黃帝內經・素問》第五篇〈陰陽應象大論〉論述：「冬傷於寒者，春必溫病。春傷於風，夏生飧泄。夏傷於暑，秋必痎瘧。秋傷於濕，冬生咳嗽。」

《黃帝內經・素問》第三篇〈生氣通天論〉類似論述更深入：「是以春傷於風，邪氣留連，乃為洞泄。夏傷於暑，秋為痎瘧。秋傷於濕，上逆而咳，發為痿厥。冬傷於寒，春必溫病。四時之氣，更傷五臟。」

溫病學派將之發展為伏邪學說，儘管提出的治法並不理想，但承傳《內經》的伏邪理論實在是很有現代意義。**伏邪學說是中醫學術對人類醫學的偉大貢獻之一，也是現代西醫治療外感疾病的最大缺失。**

四、免疫機能低下表現的不典型症狀

如之前章節所述，衛外之氣、抵抗力、免疫機能被削弱後，外邪入侵並不會引起激烈症狀，現代有人形容為「健康」的帶菌者或帶病毒者。但當身體積蓄力量，或有新外邪入侵，或病邪更深入體內，便會引發較明顯較激烈症狀。

抵抗力、免疫力低下，外邪潛伏是身體損耗性狀態，儘管沒有典型或明顯症狀，身體、抵抗力、免疫機能保護自身的自療自愈機制也一定會盡其所能有所作為，並會有一些不太明顯的異常顯現，不會完全毫無反應。

常見人體自身最基本的免疫抵抗表現便是發熱。

遺憾這發熱現代西醫的感應式溫度計不一定可以量度得到。因為病邪可以是深入體內才遭遇到功能低下的免疫機能的抵抗。內熱發自人體深處，至體表時已並不明顯。臨床常見病人手背會有微熱，病人自己也感到體內燥熱。但很多案例是只測量出約攝氏36至37度，並沒有測量出「法定」的「發熱發燒」症狀。但從傳統中醫望聞問切四診完全可以確診是有外感入裡的「裡証」。

傳統中醫沒有溫度計，但對外感傳裡，也有一些經典描述。如《傷寒論》起首條文、第四條：「傷寒一日，太陽受之。脈若靜者，為不傳。頗欲吐，若躁煩，脈數急者，為傳也。」

脈數急者，內熱所致。正邪相爭引致內熱，亦即是免疫機能有所反應，在應激狀態中抵抗入侵病原，才會有發熱表現。但當免疫低下，病原入侵至身體深處才有發熱抵抗，體表的溫度量度仍不會顯現。

身體健康、抵抗力、免疫力強遇外邪入侵會發高熱。另外，儘管免疫力弱但隨著個人的體質與狀態不同，也會有各種複雜多變微妙的發熱表現。如會有長期處於低熱狀態，手背也會有微熱，對比是健康的嬰幼兒童皮膚常是乾爽涼快。或會有手背不熱，手心足心常熱至汗出。或會有熱擾腸道令大便或乾結便秘或痛瀉或秘瀉夾雜。或會有熱擾胃腑導致消谷善飢、飽食易餓。**<u>或會有熱燥傷津令身體津液不足以濡潤臟腑導致有口氣惡臭。或會有熱擾心神導致夜睡多夢與失眠。或會有熱擾肺衛至肺氣不降導致間歇咳嗽。或會有內熱加快水液代謝導致夜尿</u>**等等。

當抵抗力、免疫力進一步低下，不能時刻分秒在應激對抗發熱之中，便會有所謂「寒熱往來」，或「夜熱早涼」，或「夜睡盜汗」等間歇性發熱的情況出現。

人體是在一個分秒時刻不斷動態變化的過程中。對於被感染者，當或休息、或進食、或情緒令身體有更強的抵抗，症狀便會表現加重。當外邪更深入身體臟腑，令免疫進入更應激狀態，症狀也會表現加重。當舊病未愈而又有新外邪入侵，症狀也會表現加重。

源自數千年前《黃帝內經》的中醫學術的伏邪理論闡述了人體正氣、抵抗力、免疫力被削弱後，感染外邪後不一定馬上明顯發病，會潛伏到之後條件具備才有明顯症狀。當然亦會有在適當的調養休息下，身體最終能自愈恢復健康而不自知。

五、病毒潛伏期與人體內在正氣、免疫機能有關，並無固定期限

新冠病毒肺炎疫症流行後，有所謂病毒微生物學「專家」聲稱病毒潛伏期只有 24 天。實在令人感到疑惑與失望，不知有何依據。人人體質各異，免疫低下情況各異，無能抵抗的程度亦不同，病毒的潛伏時間亦因應不同宿主體內狀態不同而導致適宜潛伏性各異，適宜潛伏期亦不會相同，並無定期。

中醫學術的終極關切是人時刻處於大氣之中，對虛邪賊風，要避之有時。當不慎外感病邪後，要通過怎樣的對証治療，利用大宇宙大自然中的本草藥石，適切地平衡病患者的內在失衡，調動人體小宇宙自療自愈的本能，令病人痊愈。

令**人們可以繼續天人合一地與天地萬物、大氣中的微生物和平和諧共處，以盡天年。**

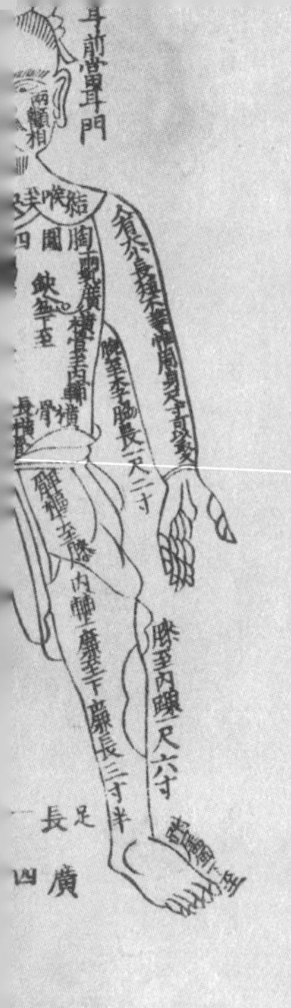

第十二章

外感疾病、温病、瘟疫、病毒性傳染性肺炎

始自人類飼養牲畜家禽，人畜密切接觸，特別是在東亞大陸以小農作業為主的社會，衍生出的瘟疫、傳染病，始終是千萬年來人類難以迴避對人體健康的挑戰。除了人體自身的抵抗力、免疫力無休止地為適應環境的致病性不斷演化外，數千年的中醫學術亦不斷地對外感疾病、溫病、瘟疫的挑戰作出回應。

二千年前《傷寒論》的理論法則與內涵其實已概括了人體對一切外感疾病，包括各類外感傳染病、溫病、瘟疫的人體病理反應規律與治療法則。但由於時代環境客觀條件所限，《傷寒論》亦只能是以這理論法則，在當時的客觀條件環境限制下為當時的外感疾病列出方藥。隨著社會環境改變、地域氣候改變，兩千年來，醫家們亦為不斷變異的外感疾病努力求變，儘管時會有所偏離，但始終都是在不斷懷疑、探索、嘗試、創新的努力下，不自覺地為《傷寒論》的理論法則填補說明與充實內涵。

一、以寒治温的不濟

溫病學術、《溫疫論》強調了瘟疫的易感性傳染性，但寒涼藥治療溫熱病簡單直觀對治的治療方法，對於並非危重病人似會有減輕症狀或令病況轉至慢性狀態的效果，但對於毒性猛烈瘟疫感染的危重病人，卻並無療效甚至會令病人病情轉差而病亡。吳又可的慨歎「不死於病，乃死於醫」在應付危重病案時，似亦適用於自己。

如之前章節所論述，發熱乃身體自身免疫系統進入應激狀態對抗入侵病邪的表現，中醫用寒涼清熱解毒藥治療大熱火症，與西醫用退熱藥為病人退熱並無太大分別，都會令身體免疫機能在應激狀態中平伏下來，不再抵抗病邪。如病邪毒性不太猛烈、或病人身體底子壯健能支持的話，病人症狀會減輕或進入慢性階段。

二、對治症狀，壓抑症狀，病邪深入，心力衰竭

如病邪毒性猛烈，更深入人體導致不得不激烈反應，高熱、火熱大症耗盡身體資源，從中醫角度，「汗為心液」，持續高熱出汗對心的氣血陰陽損耗會令病人轉入危重階段，再加上持續用大量苦寒之藥，身體機能與心臟機能更被削弱，病邪病毒亦更能深入，實在是雪上加霜，亦常是在溫病學術治療下心肝腎衰竭而病亡的原因。

心為君主之官，《黃帝內經．素問》第八篇〈靈蘭秘典論〉中論述：「心者，君主之官也，神明出焉⋯⋯故主明則下安⋯⋯主不明則十二官危。」十二官指五臟六腑與三焦。心狀態良好、臟腑運行正常，心狀態危殆、那臟腑亦危殆，生命亦危殆。

《黃帝內經·靈樞》第七十一篇〈邪客〉中論述：「少陰，心脈也。心者，五臟六腑之大主也，精神之所舍也，其臟堅固，邪弗能容也。容之則心傷，心傷則神去，神去則死矣。故諸邪之在於心者，皆在於心之包絡。包絡者，心主之脈也。」

葉天士《溫熱論》提出：「溫邪上受，首先犯肺，逆傳心包。」闡述溫邪瘟疫起始侵犯肺衛，失治誤治或外邪侵入性毒性厲害的話，便會急轉直下，直入心包。就算是心包，亦是「心主之脈」，危重病人失救都是最終耗損心包、心脈、心臟本體而亡。

外感耗損氣血，導致心臟受損，《傷寒論》早有論述。其中如：

第82條：「太陽病發汗，汗出不解，其人仍發熱，心下悸，頭眩，身瞤動，振振欲擗地者，真武湯主之。」

第102條：「傷寒二三日，心中悸而煩者，小建中湯主之。」

第177條：「傷寒脈結代，心動悸，炙甘草湯主之。」

第102條是傷寒初起二三日。第82條是已用太陽病發汗治療不愈，改用的真武湯已有用附子溫陽強心。第177條是傷寒後遺症，脈結代指脈診顯示心律已是有間歇跳停的明顯失常。

這三條經文論述外感疾病失治或誤治都會損害身體臟腑，包括最重要的心臟機能。很多時患者不會明顯感覺到，但當身體劇烈運動令心臟負荷增加，或在寒冬，或有新感外邪入侵，便會有機會心臟不堪負荷而猝死。

三、外感入裡、無典型症狀、心力耗損猝死的疑似案例

近年新聞報導間中會聽到，特別是在寒冬季節，如青年大學生參加馬拉松 10 公里跑步猝死，紀律部隊成員日常操練後猝死，五十多歲西醫在冬天猝死，隱蔽青年時有咳嗽冬天在家中猝死，嚫模年假回鄉外感不適在國內診所打點滴猝死，成人運動員參加三項鐵人賽後猝死，約六十多歲中年武打明星或習武多年的資深播音前輩冬天猝死……等等，都是類似情況。但官方西醫發言只會說可能是有先天隱性心臟疾患或死因不明。

四、中醫治療溫陽強心，能救治疫病危急重症

傳統中醫用溫陽藥強心藥是可以救治心臟因抗病邪抗瘟疫而耗損，或被用寒涼藥、退熱藥治療症狀藥導致心臟機能被嚴重削弱後，而陷入衰竭危殆境地的病人。

附子是古代中醫常用的溫陽藥，能振奮身體機能，從現代意義是很有力、很有效的強心藥急救藥。附子入藥並配伍其它對証藥物是可以完全有效地快速治愈溫病瘟疫危重病患，亦可

治愈外感被誤治而轉為無明顯症狀的三陰裡証病人。

但附子、溫陽強心藥只是中醫學術人體整體治療的一個面向，並不是《傷寒論》理論內涵的全部。

五、整體治療，治愈外感病毒瘟疫的出路

《黃帝內經．素問》第三篇〈生氣通天論〉提到的「陰平陽秘，精神乃治」。陰平陽秘的狀態，才是身體抵抗力、免疫力與自愈能力的最佳狀態，亦是中醫的終極治則與治療目標。

症狀是身體努力自我恢復的表現，亦是生命力的表現。身體抵抗病邪產生症狀，亦同時衍生病理產物，病理產物會消耗身體資源，並會令身體在自愈過程中影響氣機，造成障礙、損耗與負擔。常見的病理產物如痰涕、濕濁、瘀血等。更要緊的是發熱，持續或間歇的發熱。高熱會耗損身體資源，包括汗液，亦即是「心液」。高熱、發熱消耗著「君主之官」心臟的氣血陰陽，削弱心臟機能，導致預後不良。

終極治則其實便是要求整體全面的治療。是要在祛邪的同時，消除病理產物，減輕身體的負擔。理順身體的氣機，補充身體資源，增強身體的抵抗力、免疫力與君主之官心的氣血陰陽。協助身體全面回復或接近陰平陽秘，才能全方位協助身體的自療自愈機能完成自療自愈的工作。總結為以下六點治療原則：

一、祛風祛邪讓病邪有出路。

二、增強身體機能，清理病理產物如痰涕瘀血，減輕身體負擔。

三、理順身體氣機，令身體氣血運行更通暢，並理順咳嗽吐瀉等症狀。

四、清熱瀉火，包括氣份血份，減輕身體心液的損耗。

五、同時溫陽，振奮君主之官、心與身體機能，避免心力進一步受損。

六、溫補增強身體的氣血陰陽，增強抵抗力與免疫力。

危重瘟疫、高熱已並不是如陸懋修認為只是陽明高熱那樣簡單，而是病邪已是同時瀰漫六經，或至少是瀰漫三陰經的危重症候。傳統的先治外感，再治內傷，或外感當瀉不當補之類的治則治法已並不適用。

只清熱降火滋陰祛邪亦並不可行，純粹溫陽重用附子強心，就算成功身體也會頗有損耗。

只有全方位的整體治療，減輕身體的負擔，補充身體的資源，協助身體全力抗病，才可以讓身體在最少損耗下快速復原。無論是遭遇最危重的瘟疫病毒，全方位治療得當，都完全可以快速康復。

六、新冠病毒性肺炎、疫症

自去年10月動筆後不久，新冠病毒疫症便瞬間爆發全球。似是初始發現病毒並公佈的九省通衢武漢，被指責為病毒源頭。

早在2014年，我曾寫過網誌關於下呼吸道感染，肺炎死亡率在當時近十數年已躍升為最主要致命疾病之一，在北美與多個國家地區都排在約前五位左右，大概的數據都可在網上、世界衛生組織網頁看到。**根據衛生署網頁資料，香港近20年下呼吸道疾病合併肺炎死亡率升近一倍。**

排除不是細菌性病原，到底是那類病毒性病原？對於中醫學術來說並不重要，因為無論病原病毒是何種類如何演化，身體的整體病理反應都有一定規律，並完全可以治理。

如果說是傳統的流感病毒，似並不太合理，因為流感病毒與人類的互動已有多年，人類醫學有認知也超過百年，對人體的病理反應也有深刻的了解。如果是流感病毒突然演化變異至專主攻擊下呼吸道，那近十數年大力推廣流感預防疫苗的西方醫藥壟斷寡頭亦應該會清楚知悉，因為他們會密切監察流感病毒的演化並調整更新預防疫苗。如果是類流感的其它病毒也一定會在監察過程中被知悉。

近 20 年世界性的下呼吸道疾病或肺炎死亡率急增，更似是非流感病毒，而是有類流感症狀的冠狀病毒或其它類流感病毒所致。死因病原體的檢測確認需費用高昂並要有先進儀器設備的核酸測試，在東南亞先進的生化實驗室似仍不十分普遍，而又是類流感症狀的一般情況下，死因病原體的檢測很可能都會被略過。

七、下呼吸道疾病與肺炎死亡率

科技資訊能力的不對稱似可以導致新冠病毒成為國際政治攻擊的利器，並指責去年 11 月在武漢爆發是病毒的源頭。

寫到這裡，今天是 2020 年 1 月 29 日，農曆年初五，香港假期完結後的第一個工作天，早上到診所前在地鐵與路上約一小時，所見到的人都戴上了口罩。

令我想起明末《溫疫論》作者吳又可目睹江蘇吳縣（即現在蘇州）的瘟疫。距今已約四百年，當時的疫症傳播、感染與死亡與現在已不可同日而語，亦不會重現。

據研究人類飼養牲畜家禽、人畜相處互動已超過一萬年，人體免疫力與瘟疫病毒經多年互動演化應該是變得更強、更能適應，瘟疫的毒害性亦應比千百年前更難對人體有所作用，況且現代的畜牧業比百年以前更加衛生安全。我並不太相信現在演化出的類似瘟疫病毒會比以前更厲害。

比起外感、流感病毒，現在的新冠病毒肺炎無論發病率、死亡率都不算突出。

從中醫學術的角度，外邪傳染性、侵入性、毒害性嚴重的，不論體質強弱剎那間都能深入體內，瀰漫三陰三陽，引發強烈症狀反應，才可能被稱作疫症。現在的新冠病毒明顯並非如此，大部分體弱受感染者都沒有症狀，更似是類流感病毒。將流感或類流感標籤為「疫症」，並當為疫症處理對待，只會搞亂社會秩序，令經濟民生凋敝，得益者亦只能是瘟疫政治學、瘟疫經濟學的暗黑受益者。

中醫有過去千百年治療外感病邪、溫病、瘟疫的學術與經驗，是完全可以簡單地解決現在的所謂沙士或新冠病毒肺炎，甚至不容易會有死亡個案。似沒有其它民族與醫療體系，比中華民族與中醫學術更有經驗療效與發言權談論與治療瘟疫。

但遺憾在西方文化與微觀科技主導世界的今天，中醫已失去話語權，儘管是在說是提倡傳統文化與中醫傳統的中醫學術原生國，中醫並沒有機會在現代社會類似的疫病疫潮場景中扮演主要治療角色。

這當然與中醫普遍水平參差，療效普遍不理想與不盡可靠有關，另一方面是西醫藥治療體系在中醫原生國亦已發展成為主流，在龐大的政經利益綑綁影響下，中醫發展亦並不樂觀。

如前所述，西醫藥並無能力治療這類病毒感染疾病，近百年主流西醫藥針對症狀的治療令社會大眾的免疫能力普遍下降，外邪病毒更易深入體內。

近十數年，中老年肺炎病患急增，有嚴重病發被送入深切治療病房用退熱或消炎藥或其它緩和症狀的治療，只會加重病人心肝腎負擔，削弱病人已是虛弱的免疫機能令病邪病毒更能深入，加速體弱病人死亡。也有轉為慢性，咳喘至不能平躺安睡，長時間身心受盡病痛折磨而亡。

八、瘟疫政治學

疫症、傳染性肺炎已是政治事件。如果純粹從醫療角度，並不值得大驚小怪。遇上傳染性高、毒性嚴重的疫潮，大眾市民當然要小心預防，更加注意生活飲食的合理性令自身抵抗力、免疫力保持或加強。在疫區當然需要戴口罩，身體虛弱、病患者亦需戴口罩，但不要太高估口罩的作用，中醫學術認為外邪經皮毛已能感染，自身免疫機能強弱與免受風寒才是關鍵，有症狀應該找有水準有療效的中醫治療。非疫區限聚隔離停課停業似是矯枉過正的做法，或是在政治上，不想被標籤為疫區，不想被指控為疫症傳播地，避免擴大民眾恐慌，不得已而為之的做法。

只有有政治動機或經濟動機或受傳媒播弄的受眾才會唯恐天下不亂，隨著不理性的風潮起舞。

瘟疫經濟學或瘟疫政治學的受益者當然也會落力渲染嚴重性。

常識是隨著病毒在大氣中暴露的時間越久，殺傷力會越降，人體相對的免疫適應性亦越強，人類經過百萬年演化至今仍然繁衍茂盛便是明証。

但仍然會有所謂本土微生物學大師首鼠兩端地吹噓恐嚇會有第二波第三波的疫症擴散會導致疫情一發不可收拾，施加輿論壓力要仍然停擺隔離限聚，要切斷傳播鏈，要揪出超級傳播者等等唯恐天下不亂的言論。限聚的話便全城停市停業吧，一邊裝模作樣限聚影響民生，地鐵車廂內仍然會人人近距緊貼。新冠病毒似已如流感病毒般存在，症狀亦是類流感般症狀，亦會如流感病毒般不斷季節性地爆發，要揪出受感染者猶如要揪出流感受感染者般毫無意義。當然如果這大師是試劑與西藥寡頭背後支持的代言人、是瘟疫政治學經濟學的暗黑受益者，那所作所為便是理所當然的。

如果要說罪魁禍首，**近百年的西醫藥治療令大眾免疫力被削弱摧毀，更易受病毒感染，導致體質更弱、免疫力更弱的受**

感染後也不會有明顯症狀。近百年的西醫藥治療才是真正的罪魁禍首，亦導致千萬年來人類自然而然的群體免疫常態變得效用大減與意義成疑。

體溫超過攝氏 37.5 或 38 度會被隔離，只有免疫力強的或病毒已是更深入體內才會有明顯發熱。絕大部分受感染者因免疫力弱都不會明顯發熱。到底是發熱受感染者或不發熱的受感染者傳染性會更強？似乎並沒有被研究統計過。常識似是發熱的受感染者，因熱力放射半徑遠些，傳播力會強些，需要被隔離。但不發熱的已受感染者便不需要被隔離？如果流感病患不需要被隔離，那類流感病毒感染的病患又何需被隔離？

這次近乎全國性的停擺防疫更似是一場應付生化戰、病毒戰的預習。亦似是從國際政治方面考慮的對策，避免被標籤為疫區，避免被指責傳播病毒，避免民眾恐慌……似是無可避免。

新冠病毒，似會如流感病毒，或其它類流感病毒般，長久與我們同在並不斷演化，不太會因為現在的防疫防控預防措施而消失。而大部分人都會是如流感感染者般的無症狀的受感染者。標榜防疫得力多方隔離檢測等等，猶如是隔離檢測是否流感病患，並無意義。

九、愈後復發而亡，確診與治療的疑惑

2020 年 3 月 6 日新聞報導有案例是新冠病毒肺炎患者治愈出院後復發病逝。

這是很能說明問題的案例。

病人治愈出院是沒有症狀與測試病毒呈陰性然後出院？

受感染人體不同部位取樣的核酸測試結果會否不同？

沒有症狀並不等如沒有受感染。自始不斷反覆說明，近百年的西醫主流治療摧毀削弱了大部分人的免疫機能，結果是無論是流感病毒或冠狀病毒或新冠病毒或其它病毒，大部分受感染者都沒有正常強烈的免疫反應，亦即是沒有典型症狀，甚至是沒有症狀。

相反有症狀的都是免疫機能仍然是較強的，可以作出抵抗的才會有較正常、強烈、典型的反應。

這患者曾入院，說明是曾有症狀的受感染者，入院治療很可能只是接受針對症狀的西醫藥治療。那只能削弱肝腎，令身體與免疫機能更差，並不可能治愈病人。

病毒測試的可靠性成疑。病人出院後因免疫機能更弱令病毒更深入，或重新受感染新舊夾雜令已更被削弱的臟腑衰竭而亡，是完全可以想像的。

對於現在的新冠病毒肺炎疫情，西醫藥並沒有對治病毒的藥物，所以沒有所謂「特效藥」可以治療。防疫疫苗亦不可能短時間內造出，因為新藥的人體毒理試驗耗費時日，況且病毒演化變異迅速，耗費人力物力時間去做一特定的類流感病毒疫苗，只能是帶來盼望、安撫民心、提振瘟疫經濟學。

西醫可以用的都是些治標不治本的藥物，會加重病人肝腎負擔，減輕症狀令免疫機能更低下，令病毒更深入，預後不會良好。重症能否存活，除了看是否有堅強的生存意志，最終還是要看病人原來身體體質的強弱。除了能否抵禦病毒損耗外，還是否能承受西藥對身體、對肝腎、對免疫機能造成的損害。

這次所謂「治愈」出院後復發病亡的案例更似是被西醫藥「治療」後，免疫更差，症狀消失或更不明顯，愈後不良的一個例証。

對於中醫學術，病毒是何種類並不重要，源於何處，怎樣演化亦並不重要。現實病毒是可以有無盡種類與無盡源頭，並時刻在不斷演化之中。儘管千變萬化，人體的整體病理反應規律，千百年來中醫先輩們已有詳盡的了解認知與記錄，已是了然於胸並有有效的治療理法方藥。問題是中醫業者能否掌握病機証候對証治療。只要澄清中醫學術積聚多年的誤解誤讀，一般水平的中醫都可以有效地治療外感高熱與肺炎，無論病因病原是外感、流感、瘟疫，甚至是沙士或新冠病毒傳染性肺炎。

中醫藥治療如之前不斷解說，目的不是殺菌殺病毒殺感染到的外邪，本草藥石的中醫藥在這方面的殺傷力遠遠不如化學合成針對病原的西醫藥。**中醫藥治療並不直接針對病原，而是治療失衡的身體令其自身抵抗力、免疫力可以恢復或增強，並消滅病原而自愈。**

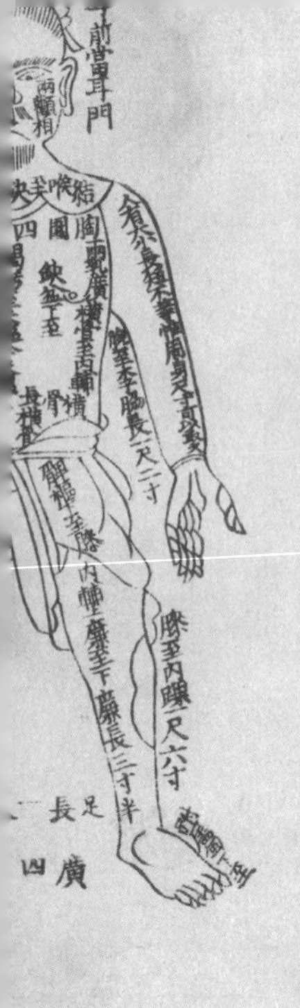

第十三章

人痘，疫苗，潘多拉盒子

歷史研究都會將最早的疫苗概念與使用歸功於中醫學術。遠在 10 世紀宋代已有人痘接種法預防天花病毒，甚至追溯至更早的唐代藥王孫思邈著作《千金要方》中已有記載類似概念的接種防疫治療。據記載 16 世紀明代隆慶年間（1567-1572）人痘接種預防天花已是非常普及。天花病毒是烈性疾病，死亡率高並有嚴重後遺症，一直困擾著各地人們。自 17 世紀俄國派人來華學習人痘接種法後、亦同時廣泛流傳到海外如日韓，甚至歐美。

到 18 世紀，在歐洲人痘接種法被改進為更安全的牛痘與之後的痘苗病毒接種。

疫苗概念是用低濃度、微弱的病原或類似但毒害更低微的病原，刺激人體免疫機能對特定類型的病原產生免疫力，以應對一些傳染性強並侵害性、毒害性劇烈的病原，如天花病毒。

一、流感或類流感病毒預防疫苗是否有效

隨著近百年西醫藥對治症狀治療主導全球，人體普遍的免疫力被摧毀削弱，令人們更易被外邪病毒感染甚至因無典型症狀而不自知，並長期處於傳統中醫學術描述的「伏邪」或「虛人外感」狀態中。當身體長期受損，新舊外邪外感夾雜更易更深入臟腑，加上不當的對治症狀治療，更易會引致臟腑衰竭而

亡。近數十年因外感流感或病毒性肺炎死亡病例急增。在這世紀前後，又有所謂流感的預防疫苗被推出市場。

開始時似是通過私人診所推出，由於收費並不廉宜，並且效用成疑，推出後並不成功，而流感疫苗效用的爭論在歐美更見激烈。之後疫苗生產藥商便向公共醫療系統進行遊說，由政府公共醫療系統出資大批量買進，並鼓勵年老體弱者接種。

如果「伏邪」學說成立，「虛人外感」成立，貌似「健康」的帶病毒者存在，那流感疫苗只能是忽悠大眾的無效產品。對於免疫力弱的人，真正的病毒也不能引起免疫反應產生症狀或抗體而痊愈，何況是類似的假病毒？

對於免疫正常、健康的人群，流感或疫苗都會引起有效的免疫反應而產生抗體，那又何必注射預防疫苗？對於免疫已被削弱，對流感不太起反應的人群，對疫苗亦不會起反應。更甚的是對於更虛弱的人群，疫苗作為入侵外物會更易更深入體內重要臟腑，引致強烈不良反應並危及生命。亦因此，歐美部分有識之士不接受流感疫苗並引發激烈爭論。反而是在亞太地區，與寡頭壟斷醫藥集團利益綑綁的主流醫療勢力，運用政經與醫學權威的影響力，大力宣傳呼籲人們接種疫苗。

從中醫學術的角度，並根據自己過去的臨床經驗，**從沒碰過一個曾定期接種流感疫苗的中老年病患是沒有外感表証或裡証的**。亦即是說，接種過流感疫苗的依然會受外感流感感染。

當然，感染的可能是類流感的其它病毒。**但如果大氣之中除流感病毒自身不斷演化轉型外，仍然會有其它無盡可能並數目不明的類流感或其它病毒，那只接種一種本身已是效用成疑的流感預防疫苗，甚至再加一種新冠病毒預防疫苗的意義何在？**

而公共衛生部門耗費數以億計公帑，購置疫苗並鼓勵中老年市民接種，意義何在？

二、群體免疫是否有效

如果我們相信疫苗理論，便應該相信大氣之中稀薄的流感病毒、新冠病毒，與其它無窮無盡各類病原微生物，亦會令健康的人體免疫機能不自覺地演化或產生抗體。只有免疫低下、失效、不在狀態的個體或近距範圍有高濃度病毒或高效傳播者或在疫區才會容易被感染。

如果我們看看過去近百年，地球人口由約20億激增至現在約70億。而過去百年的大眾人群戴口罩並不普遍，甚至可以說是沒有口罩，亦沒有流感預防疫苗可以注射。以往的衛生條件亦大大不如現在，流感疫症亦應比現在更頻密。以往的好處是西醫治療與對人體的免疫摧殘削弱沒有現今覆蓋廣泛與深入，普遍人體的免疫狀況亦因而較現在為佳。

人類並無能力改變大氣之中各種病原、病毒的組成與演化，但人體免疫機能與大氣的互動，導致人體免疫狀態更能適應大氣中各類病原病毒疫毒的組成與演化。除非人們踏進疫區，或像醫院醫護人員頻密接觸不同的病患帶菌帶病毒者，否則我們便應該如過去數以百萬年呼吸著大氣與大氣中各類病原一起互動演化，並不是戴著口罩，不與大氣中各類病原體接觸互動，閉著口鼻地演化。

如果類流感症狀的新冠病毒已然擴散傳播在大氣之中，而我們亦相信自己是健康的，我們更應該接受現實讓身體的免疫機能適應大氣中新冠病毒的微弱存在，並一起互動演化。

大氣中存在著無盡病毒病原，除非是類似天花病毒般烈性與毒性，或是生化戰病毒戰發動國投放病毒前需為自身軍隊預先接種疫苗，否則不可能亦並不需要為每種病原病毒配備疫苗。

現實是生化戰研究者是可以收集不同國家種族的基因排序，並可以量身訂做病毒武器令某些攻擊目標種族最易受到感染。但病毒之後的自然演化卻不一定能在人力掌控之中。

2020 年 8 月 1 日，新聞報導印度孟買貧民窟過半人口有新冠病毒抗體，並認為群體免疫在這裡有效。為何會在這裡有效？可以想像貧民窟生活的民眾自小較少機會能有西醫藥對抗式消除症狀治療，因而免疫機能並未受到很大程度的削弱摧毀，能成長的免疫機能都會是較強壯健全，所以群體免疫在這裡可以如人類過去百萬年般有效。這裡的人亦沒有戴口罩。

三、近百年的主流西醫藥摧毀削弱人體免疫機能，令群體免疫失去意義

2020年3月15日，新聞報導英國處理疫潮與意大利鐵腕封城完全不同，卻似是剛闡述的正常生活，健康的不用戴口罩，讓人體與大氣中的微弱的新冠病毒互動而自然產生抗體，集中醫療資源治理已發病人群。這是在沒有其它政治考慮或脅迫下的最合理做法。

但西醫藥作為主流醫療方法，削弱人體免疫近百年，導致這似是最合理的做法變得毫無意義。免疫削弱令人群更易受感染而無症狀，潛伏期長短亦難以預測，但最終似都會有通過不同形式發病的一天。就算是如意大利般鐵腕隔離封城，分別似也不大，因為免疫削弱已令大部分人一早受感染而無明顯症狀與不發病，無論是流感病毒、冠狀病毒或其它病毒，限聚隔離的意義何在？

西醫藥抗生素殺滅病菌，非常有效，但抗生素對病菌猶如殺蟲水對蟑螂般，受藥病原會迅速演化出抗藥性，令藥物不再有效。

西醫並沒有如殺滅病菌般殺滅病毒的藥物，舒緩減輕消滅症狀的治療方法只能摧毀削弱人體的抵抗力、免疫力，猶如製造了無數億萬個潘多拉盒子。但起始並不是各種魔幻從盒子走出遺害蠱惑人間，而是大氣中各種病毒細菌能更輕易地入侵並

駐留在人體內，人體更易成為病毒細菌宿主，亦更易成為一個全天候被打開的潘多拉盒子，向大氣接受並傳播病毒。

而在人體深處滯留寄生的外邪病毒病原與人體免疫機能的互動，因應人體體質狀態的差異引發無盡複雜多變的奇難雜症。西醫藥更是無能為力，無從治療。卻是寡頭壟斷西醫藥巨頭們的無盡商機，可以繼續五花八門地開發治標不治本的新藥、疫苗等等，去忽悠臣服膜拜在科學權威下的廣大病患群眾。

四、對証有效的中醫藥治療，黯淡的希望

問題是中醫業者能否掌握病機証候對証治療？只有澄清中醫學術積集多年的誤解誤讀，一般水平的中醫都能有效地治愈各類外感病毒疾病，包括外感高熱、重症肺炎，無論病因病原是外感、流感、瘟疫，甚至是沙士或新冠病毒，甚至是沒有典型症狀的虛人外感、表面「健康的」受感染者、免疫系統病態亢奮病患者。人們便可以減少採用主流對治症狀並削弱免疫的西醫藥治療，普遍的免疫機能亦能因而提升，人們更能有信心地回復以往千萬年來的群體免疫狀態。

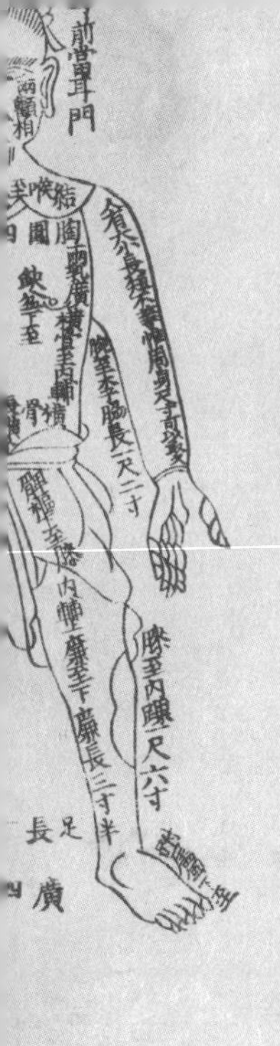

第十四章

治療新冠病毒肺炎的肺炎一號方與清肺排毒湯

新冠病毒肺炎疫情發展到 2020 年 2 月 9 日，在網上看到國內的宣傳媒體報導國內治療以「中醫主導，西醫支持」的策略，主力用中藥治療，效果非常滿意，約九成感染者有良好療效與治愈，令人大感興奮。似乎是中醫不獲重用的印象並不真確。但其實也似是沒有辦法中的唯一選擇與嘗試，因為西醫並無藥物可以治療病毒性疾病，或改善加強病患者自身免疫抗病機能，稍能緩解症狀的藥物都會有複雜副作用與增加肝腎負擔，容易加速體弱病患者死亡，並且似是大都需要進口並價格高昂。

一、清肺排毒湯的局限

媒體提到治療採用了中醫專家們制訂的兩首方劑，一首是「肺炎一號方」，藥物組成不詳。另一首是有紅頭文件証明是指定治療方劑的「清肺排毒湯」，組成如下：

麻黃 9g　桂枝 9g　細辛 6g　柴胡 16g
白朮 9g　茯苓 15g　豬苓 9g　澤瀉 9g
射干 9g　黃芩 6g　生石膏 15-30g（先煎）
紫菀 9g　冬花 9g　薑半夏 9g　山藥 12g
陳皮 6g　枳實 6g　藿香 9g　生薑 9g

我同意組方已是頗有水準，比一般溫病學派的方劑好些，但說有九成療效，我是頗為懷疑與並不信服的。如果一般病患病情不重，輕度症狀病人，應該是有療效的。但對於稍重或重症病人，很難會有超過三五成療效。

組方亦似是中西理論夾雜，頗有問題。

根據西醫藥理研究，柴胡似是對病毒頗有克制作用的中藥，似因此重用至 16g、約 5 錢？但從傳統中醫學術角度，柴胡因有升提作用，對於肺氣失降嚴重的肺炎咳嗽病人，並不適宜大量，如果治療病邪在少陽一般也只會用 2、3 錢。

另外，清肺熱降肺氣的藥只有黃芩、石膏、射干，對於肺炎咳嗽為主要症狀似不太足夠。紫菀、冬花是中醫治咳嗽的治療症狀藥，亦頗違背「見咳休治咳」的古訓。咳嗽的病機是肺氣失降的表現，調整整體失衡令肺氣能正常肅降，咳嗽自然減少與痊愈才是正道，並不太需要用咳嗽治標藥。

除非大部分被感染者有水腫或小便不利，否則並不需要豬苓、澤瀉等利水之物。如果是要消除痰濁積肺，那可能用魚腥草、皂角刺、天花粉、薏苡仁等更適合。

山藥有健脾腎與收澀的作用，除非診斷病人有「腎不納氣」咳喘至上下氣不接的証候症狀，否則似並不太適宜。如果是要收斂肺腎之氣，那仿效《傷寒論》裡「小青龍湯」中用五味子似更適當。

藿香、桂枝效用適當與否存疑，可以不用。枳殼會比枳實好些。

全方並沒有攻補兼施，溫陽強心，增強病患者的正氣，似亦只能是適用於輕症病人。

「肺炎一號方」藥物組成不詳，但擬方的中醫專家亦聲明方劑只適用於輕症肺炎病人，亦並無預防作用，告誡不可沒有醫生處方下使用。

兩方可能是類似，都是以祛邪、清熱、止咳、調理氣機，並稍補益肺脾腎加快痰濁水濕的代謝，真的是只能適用於輕症病人。

在疫症時期，感染者眾，要個別治療似並不可行，針對疫病引發的主要証候與症狀特徵而擬定通用方，用大鍋煎制大量藥湯分發治療眾多病患，也是可行的做法，儘管有個體差異，有約七八成療效便已能很好地遏止疫情。之後病患如有個別情況可再個別處理。

二、療效成疑

網上訊息相當混亂，如果中醫藥療效有九成，即疫情已然受到控制，疫苗研發亦並不太需要了。但情況似並非如此。

似有頗多病人拒絕中醫藥治療，而官方網上傳媒有視頻勸告自己選擇不接受中醫治療的病人，也不可唱衰或抨擊中醫治療等等。

似乎中醫治療並沒有如網上傳媒所說那樣有效與受歡迎。是的，因為**對証有效的中醫治療不會只適用於輕症，但又不適用於中度或重度症狀病人**。如果是這樣的話，恐怕又似是回到以前明、清、民國時期，溫病學派中醫治療疫症的情況與困境，以寒治溫對治症狀治療只能對輕症有效。雖然這次「清肺排毒湯」制方用藥已是較有進步，但仍是針對症狀為主，所以只能對輕症有效。

為何沒有通用方可同時適用於輕中重度症狀病人？這亦可以反映中醫藥原生國普遍的中醫治療水平，如果連國家級專家制定的治療方劑水平都是這樣的話，那其它就更不用說了。

對証有效的中醫藥治療是無論輕中重度症狀的受感染病人都會有好的療效。因為同一病邪、瘟疫、或新冠病毒，受感染的病患大部分會有類似的証候，即身體整體的反應應會類似。儘管個別體質狀態不同會令病情輕重不一，個別局部症狀也會有差異，但身體整體的失衡勢態是類似的，對証的中醫治療是能對類似的整體失衡勢態有逆轉作用，所以是無論輕中重度症狀的病患都應該會有好轉反應，如果治療方劑是對証的話。

現在看到的「清肺排毒湯」並非如此，有受感染病患不願意服用也是在情理之中。方劑的缺失，亦如之前所提到，並沒有攻補兼施，沒有增強正氣、抵抗力、免疫力、溫補臟腑等考慮，所以對中重度病患的療效有限，對輕度病患也是有些勉強。

對於中醫，新冠病毒也好，變種流感也好，儘管是不同病毒，身體的病理反應也可能不同，但也是會有一定的規律。傳統中醫會如《傷寒論》第十六條經文：「觀其脈証，知犯何逆，隨証治之。」

中醫不會追逐病原的變化，數千年來只是客觀地觀測研究大宇宙中，在無窮盡不同病原的作用下，小宇宙身體整體的生理病理反應規律，協助身體自療自愈的本能與趨向，從而令身體能自然地自療自愈。這亦是中醫的智慧與優勝之處。

西醫從微觀的角度出發，可以做到很多肉眼看不見的局部微觀改變，卻對複雜的身體整體束手無策，亦治療不了病毒性疾病，卻佔據了國際公共話語權，糾纏於病原類型不斷炒作，令世界陷於紛亂之中。

第十五章

治療新冠病毒肺炎輕中重症的效方

為了盡一己之力，與示範中醫學術確實能有效治療流感、溫病、瘟疫、新冠病毒肺炎。按照第十二章中提到的六點整體治療原則，與近數月來通過各類傳媒了解到的總體症狀，根據對這次新冠疫情的病機証候的理解，制訂了針對這次新冠病毒肺炎的通用治療方劑如下：

柴胡 6g	白芷 10g	細辛 6g	麻黃 6g
黃芪 21g	黨參 10g	白朮 15g	茯苓 15g
炙甘草 6g	黃芩 9g	黃連 3g	天花粉 10g
桑白皮 10g	葶藶子 10g	皂角刺 6g	川芎 6g
白芍 10g	五味子 6g	吳茱萸 3g	法半夏 6g
厚樸 6g	陳皮 6g	鬱金 10g	牡蠣 30g
熟附子 10g	生薑 21g	大棗 15g	

對輕中重症的新冠病毒肺炎病人都會有療效。當然隨著病毒演化導致身體整體失衡與局部症狀改變，組方用藥亦需要改變。

新冠病毒肺炎已發病的病人需要的並不是損害肝腎，毒害程度不明，最多亦只能是壓制症狀的未經驗証新藥「瑞德西韋」。亦不需要現在所謂專家所提倡「蛋白酶抑制劑」加「干擾素」加「利巴韋林」蹩腳的三合一治療，而是**能調動人體自**

愈能力、免疫機能抗滅病毒，並同時能協助身體處理病理產物，令病人完全痊愈的對証中醫藥治療。

如果以上兩種西醫主流權威提出的治療方案有合理療效，便不會有之後 2020 年 6 月下旬 BBC 報導另有權威專家提出用「價廉物美」、有大量庫存的早期類固醇「地塞米松」作治療。只有在落後貧窮戰亂地區，醫療診斷服務缺乏，才會用此類廉價類固醇抑制病人免疫機能，令症狀減輕消失，飲鴆止渴地短暫減輕病人的症狀痛苦，是什麼病原病因疾病已並不重要，因為病人們已是沒有前景般絕望並似會很快死去。

提出用「地塞米松」的專家似是在諷刺在只有類似或更差的效能上雕花造作，然後賣極高價的「瑞德西韋」生產商。報導之後不久 2020 年 7 月初便傳出美國政府買斷「瑞德西韋」一段時間的產量，並似是引起一些傳媒輿論指責與恐慌。實質是生動地表演了一齣跨國壟斷醫藥寡頭與國家政府官商勾結的國際醜劇。針對另類專家似是諷刺般提出用「價廉物美」的「地塞米松」後，美國政府便馬上行動，國家背書保證般地買斷「瑞德西韋」一段時間的產量。在新冠肺炎仍沒有其它有效治療藥物下、各國政府醫療衛生部門從政治上考慮都可能要被迫按以上兩種西醫主流「權威」建議治療方案購買被壟斷並價格高昂的「瑞德西韋」、「利巴韋林」等西藥。

猶如不擇手段地威逼利誘忽悠操控轉基因種子、電腦芯片軟件等等眾多產業上游頂端產品，並阻嚇別國不能發展產業上游，不能發展 5G 通訊技術般。

國家機器似已淪為商業寡頭謀利與操控別國的工具。

遺憾有數千年歷史的中醫學術、中醫藥治療是可以完全有效治愈新冠病毒或類似病毒性肺炎，卻沒能發揮應有的作用。

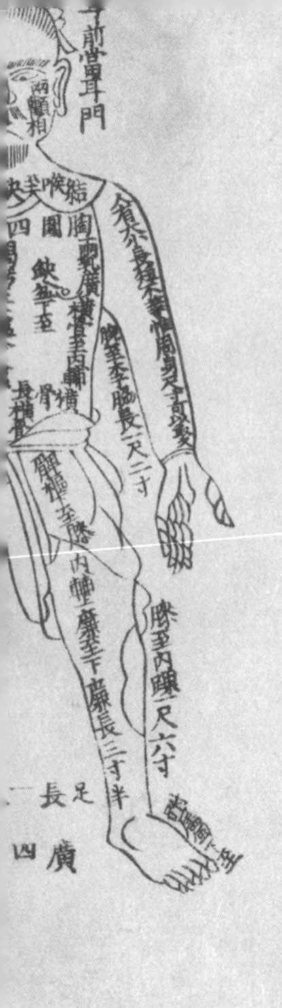

第十六章

中醫的發展與近現代政治經濟變遷

現代漢族是經過數千年多種族融合的民族，中醫學術也是自遠古不同部族、不同醫學理論融合的醫學。在周代已漸成體系，有醫學分科教育考核制度，有醫官管理民間醫事，醫學已是王官之學。公元前 771 年，犬戎攻破鎬京，西周亡，平王繼位。公元前 770 年周室東遷洛陽，原來鎬京部分王官之學遂流落民間，促成了春秋戰國期間，諸子百家綻放蓬勃發展的學術黃金時代。醫學在民間亦得到傳承與發展，早期醫家似仍流連在秦地、即西周舊地，所以有「秦多良醫」之說，著名的如醫緩、醫和、醫竘。

一、中醫學術的根本

中醫學術在秦漢以前已形成體系，根本的學術經典《黃帝內經》是由《素問》與《靈樞》兩部分組成，是秦漢以前不同醫學理論的結集。

中醫學術最早、也是最重要的臨床經典《傷寒雜病論》也是由兩部分組成，《傷寒論》與《金匱要略》，似也是源自兩種醫學理論體系。

《傷寒論》的三陰三陽六經辨証理論源自商代伊尹的《湯液經法》，以《神農本草經》性味寒熱偏頗的本草藥石作湯液治療糾正人體病患時，三陰三陽不同階段的病態偏頗失衡狀態。除了以本草藥石作湯液作醫療用，伊尹亦精於烹飪並以食物作湯液充養身體，似是老火湯的始祖。秦收百粵後，老火湯似是在南方得到很好的傳承發展，反而在北方二千多年來因不斷受外族的侵擾，政權與種族人口組成的頻繁更替，飲食習慣的變遷，老火湯並沒有得到很好的傳承。

古代傳統是以性味寒熱偏頗極端的本草藥石等作藥物，性味較中和能滋養身體的食材為食物。藥物與食物之間的界限並不很清晰明確，所以自古有「藥食同源」之說。煎煮本草藥石為湯液糾正身體之偏頗失衡治療疾病，與烹煮食材作湯肴為飲食充養身體，是自古中華飲食治療文化的一體兩面。

《金匱要略》似是以黃帝內經學派陰陽五行理論為依據的另一醫療系統學說，陰陽五行理論更多是模擬與解釋小宇宙人體內五臟六腑的多元複雜關係，並對應陰陽五行理論對大宇宙天地萬物的解釋。

《金匱要略》以其陰陽五行理論，有別於三陰三陽的六經辨証理論，是完全可以獨立成篇，也可作為《傷寒論》六經辨証理論的輔助與補充，尤其是能完善在多元複雜的臟腑治療用藥方面的理論，但卻不能取代或超越《傷寒論》。《金匱要略》要到宋代才被發見重現與刊行。《傷寒論》自漢晉隋唐或多或少或顯或藏都一直在流傳著、被應用與被研究，並未因《金匱要略》未重現而受到影響。

《傷寒雜病論》似是醫聖張仲景將當時兩大主流醫療系統學說，《傷寒論》與《金匱要略》有機地結合一起的不朽之作。

二、中醫學術在東亞

兩千年來中華大地無論朝代如何更替，漢地文化始終是被東亞一帶諸國仰望著的文化頂峰。典章制度、文化學術、衣冠文物、食物醫藥等等都影響同化著東亞諸國。中原戰亂期間失散的典籍之後也可能從日本、韓國尋回。

中醫或漢醫亦一直是古代日本、韓國、越南的官方主流醫學。隨著大航海時代來臨，西方文化隨之東漸，到近代清朝國勢衰落，列強入侵，原來是東亞諸國主流醫學的中醫學術亦隨之陷落。

18世紀中葉西醫學經荷蘭人傳至日本，被稱作「蘭方醫」，1868年日本明治維新，國策是脫亞入歐，全面吸收學習西方文化，並決定廢除傳統漢方醫，並採取「廢醫存藥」外緩內絕的手段將漢方醫學趕入絕路。廢醫存藥容許部分漢方成藥存在，但需由受過漢方訓練的西醫才可以處方。期間歷時不到40年、只到20世紀初，傳統漢醫、漢醫教育，基本已被廢絕，有千多年傳統的漢方醫藥已淪為擺設。

1894年日本侵入朝鮮，推行甲午改革，傳統韓醫、即中醫學術，亦被廢除。至 1900 年似是迫於現實並無足夠西醫與傳統力量的反對，於是提出傳統醫學與西醫並存。1901 年醫家李濟馬以《黃帝內經・靈樞》第七十二篇〈通天〉的五態體質學說為依據編撰著作《東醫壽世保元》，提出四象體質醫學理論體系，以體質病因學說取代傳統中醫學術的辨証論治。原因似是多方面的，民族主義、去漢化似是主因，另外自 15 世紀開始提倡使用諺文，即韓文逐漸代替漢文後，便已與漢文典籍漸行漸遠，到 20 世紀韓文已完全被廣泛使用。傳統韓醫與漢文中醫典籍割裂猶如失去學術理論的源頭之水。四象體質醫學理論體系更似是一種中醫學術理論片面簡化的替代，並從此將韓醫帶入了歧途。

越南自 19 世紀中成為法國殖民地後，全面採用越南文、棄用漢字，過去近兩千年的漢文典籍被束之高閣。政府並沒有如日韓般立法廢棄中醫，但中醫教育想當然亦受到影響。自宋開始至南宋覆滅期間，中原與粵東一帶文化交流頻繁，宋帝南逃時大量官民帶同典籍器物逃難至粵東潮汕一帶，醫藥文化在潮汕一帶亦因而更興盛。之後越南華僑如潮汕籍華僑亦能很好地保留著中醫藥使用傳統。21 世紀初曾親歷目睹過一些越南華僑子弟在鄰近的中國省份、廣西，學習中醫。

越南中醫業界似沒有太大興趣參與大陸中醫學界理論上的爭論，如寒溫之爭等，更多是從實用實際療效的角度去追尋學習。結果在中原地區一直不被重視，甚至有被蔑視攻擊的醫家，明末清初的馮兆張（生卒不詳）的著作《馮氏錦囊秘錄》，自傳入越南後一直備受重視。馮兆張亦廣為當地人士所知，並被供奉在名醫中的上位。

馮兆張，字楚瞻，浙江海寧人，生卒不詳，應是明末出生、清初醫家。似是孤兒，13 歲學醫，訪道從師十多年，聞名於江浙一帶。馮氏歷時三十多年匯集各家精要，結合己見，著作成《馮氏錦囊秘錄》，內容包括內外婦兒各科病症，是臨床實用性很強的著作，在大陸地區反而不被重視，實在諷刺。

馮兆張似是到了現代才稍被認識了解。在本世紀初，一陣研究「火神派」重用附子治療的熱潮中，發現《馮氏錦囊秘錄》中記載有「全真一氣湯」也用附子後更引起注目。

中醫學術與傳統道家學說密切相關，道家追求通曉大道，與道合一，講究順應宇宙萬物之道而行，中醫學術接近道家，亦建基於順應宇宙萬物之道並追求其中小宇宙人體的順逆治理之道。道家概括宇宙萬物為一氣化生，包括人體。一氣化生的人體的陰陽失衡可以通過同樣是大宇宙一氣化生的萬物、本草藥石，調整恢復。所謂陰陽失衡亦可簡要概括為身體整體或局部的功能低下與亢奮。令讀者精神感官愉悅的武俠小說如缺少了傳統醫家、道家經絡穴位陰陽等概念詞彙，肯定會大大失色。

三、廢棄中醫

日本1868年明治維新決定廢除中醫後似是一石激起千重浪，對當時大陸國家積弱、列強入侵，大部分國人對自身文化制度懷疑與失去信心，並目睹日本維新成功下，都希望能學習日本，全盤西化。

自傳統經學大師俞樾（1821-1907）於1879年提出《廢醫論》至1949年政權更替，期間數十年關於中醫的存廢問題一直引起熱烈爭論，可以想像中醫業界一直是處於極劣勢之中，幾近被廢。只在民國3年與18年，便有兩次廢止中醫之議已然獲得通過，但因全國中醫業界強烈反對而擱置。1949年後在高舉唯物主義思想指導與反封建破四舊的大環境下，與西醫余雲岫等強大的支持科學西醫的堅決廢止中醫團體，數十年鍥而不捨反對傳統中醫、反對偽科學的聲浪下，中醫之路似已是走到盡頭。

1950年韓戰爆發，中國大陸遭制裁禁運，藥物亦在被禁運之列，在沒有西醫醫藥資源與其它選擇下，似令中醫業界終於逃過被廢的浩劫。1950年官方正式定調承認中醫。儘管如此，直到21世紀的今天，國內仍不斷有類似明地裡挑戰中醫學術的科學性，暗地裡推進間接的廢醫存藥進程，引導並容許中醫處方西藥，企圖令中醫學術難以健康發展而逐漸衰落與淡出的暗黑操作。

四、中醫藥、地方醫藥、鈴醫藥

可以看到近百年來不斷有眾多有識之士堅持要廢棄中醫，認為中醫不可信，是偽醫學，原因何在？實在是兩千年來人們對中醫存有太多誤解，尤其是中醫業界人士，自身的誤解、或只片面理解導致療效普遍並不理想、不確切與不可被期望信賴，亦不能很好地用現代語言將中醫學術解說清楚。

之所以仍然沒被廢棄與有擁護者是因為部分治療確實有好療效。而西醫藥治療實在是差強人意、並不理想，令頗多人仍希望有稍靠譜的另類選擇。

其實傳統中醫並非中華大地自古以來唯一的醫療體系，中醫慣常用藥主要是環繞《神農本草經》的數百味傳統中藥飲片。中華大地自古幅員廣闊，很多地方是有自己的地方生草藥使用傳統，這些生草藥亦常不在傳統中醫的使用範圍內，不同地方使用地方傳統草藥是另一個體系。另外有所謂「鈴醫」，搖鈴周遊各地賣藥治病的所謂江湖郎中體系，通常也是用地方特色的草藥或意想不到的藥物，治療以簡單廉宜方便為特色，常有所謂「單方一味，氣死名醫」之說。

曾聽聞友人的一中年男性先輩曾咽痛多年多方治療不愈，後遇一鈴醫傳授用一蟑螂火鍛成灰，以灰敷咽部而愈。近代名人魯迅（1881-1936）卻沒有這樣幸運，父親生病，似是鈴醫的中醫要求其家人找一對原配蟋蟀作藥引，傳統中醫應該不會有這樣的要求，結果失治誤治而死。魯迅似亦因此終其一生成為反對中醫的悍將。

中華大地自古亦似沒有很嚴格的法例規管中醫，江湖郎中可以行醫，讀書人忽發奇想研究醫學可以行醫，更被雅稱為「儒醫」。唐代藥王孫思邈曾說：「不知易，不足以言太醫。」近現代更有似是民間國學研究者讀書人自覺中醫學術與易經易學關係密切，自認精研《易經》有得，而自創所謂「易醫學派」甚至廣授門徒行醫濟世，結果害人無數。當然也會有成功有療效的儒醫，如近代火神派大師鄭欽安（1824-1901）師承自四川儒醫劉止唐（1767-1855）。近現代傷寒論經方大師胡希恕（1898-1984）師承自清末進士、瀋陽儒醫王祥徵。

由此可見過去數千年在廣闊的中華大地上行醫的都會被冠以「中醫」、「醫生」、「醫師」稱號，但實質卻是魚龍混雜，並無嚴格法例規管。真正有受過正式傳統中醫學術訓練的不知佔人口比例或業醫者比例是多少？真正有認知能力學術能力投身傳統中醫學術研究者亦不知比例有多少？在這樣的大環境下，沙石俱下，良莠不齊，導致普遍療效、聲譽、可信可靠度都似是大有疑問。甚至是在近現代當代，在無論有沒有法例規管的地方，在中藥店裡工作、對藥性稍有了解有經驗的執藥賣藥人士，也可以隨時變身為中醫為病人處方用藥。

隨著近現代嚴謹的科學與西醫出現，並只收納社會精英知識分子學習參與，令人一面倒投向西醫，有識之士懷疑甚至反對中醫似亦是在情理之中。

五、現代中醫藥的困境

時至今日 21 世紀，仍然有頗大部分國人，甚至是精英知識分子，完全不相信中醫。可能更多是半信半疑，認為小毛病可以試試，緊要疾患還是找西醫會安全穩妥些。而仍然想摧毀中醫，讓中醫處方西藥，令中醫的學術發展停滯，影響力萎縮的卻是西方寡頭壟斷醫藥集團與其在世界各地，包括在中醫原生國的巨大相關利益綑綁者。

上世紀 70 年代中美建交後，似是在西方寡頭壟斷醫藥集團影響下，美方只接受並承認針灸在美作為醫療方法，受法例規管，卻不接受中醫藥。中醫藥只能被認作是食品補充劑類非法定醫療方法，並不包括在醫療保險體系範圍內。在保險主導的西方社會醫療體系下，中醫藥很難會有發展，在歐洲與其它先進國家情況亦類似。

歐美日的寡頭壟斷醫藥集團似更清楚中醫藥的療效，對中藥的研究比原生國更落力認真。例如儘管是中國研究人員發現青蒿素，結果似是中國只能低價出口粗製品，卻要高價進口外國再加工的精製品。西方藥企卻利用中國的發現與原材料壟斷世界市場。

六、沒有商業壟斷寡頭背後支撐的中醫業界

傳統的中醫發展，與商業運作並無太大關係，自古社會大眾的共識是醫是仁術，業醫者要有仁心仁術，服務病患，並非如商業般要謀取最大利潤。

宋代名臣范仲淹有名言：「不為良相，便為良醫。」鼓勵知識分子從醫，認為從醫與為官一樣可以服務百姓，一樣是偉大的使命與工作。

古代從業分為士農工商，商在社會地位中排到最後，儘管可能富有，卻難有政治地位影響政治政策，統治者亦沒有與商人親密關連往來的傳統。似是**自古聖賢早已深知商業滲入政治，對政權與對社會管治會產生難以想像的弊端**。這鐵律在過去兩千年儘管政權更替、卻似從沒被違背過。

數千年前周公制禮作樂與後來的孔孟儒學主流，為後世人們心中安下了一把道德的尺，或多或少或強或弱規範著人們的倫理觀與行為價值觀，奠下了華人普遍的性格特質，令過去儘管沒有科技與數字化管理下，仍然可以讓面積遼闊的大帝國統一治理變得可能。所謂華夷之辨似是以是否受過華夏教化而定，與種族無關。儘管會有政治黑暗的時候，如果不是天災人禍、走投無路、無以為生、無以為食的情況下，很難會有嚴重社會動亂或造反起義，因為傳統的大同思想，孝悌忠信、友愛

親族鄰里、和平共處等道德規範，或多或少，自小深植於個人心中。

明代鄭和下西洋從沒有在南海諸國殖民或掠奪資源，反而是將中華文化傳播至東南亞，為當地政權穩定亂局。現在馬來西亞上衣下裳的傳統服飾仍然有明代服飾的風格。

明代初期，明太祖亦派遣各類技術工匠到琉球協助支援建設，支援隊伍之後更在當地落地生根，繁衍後代至今。

七、商業資本與政治的結合

反觀西方近現代的表現，是完全的商業資本與國家政治軍事結合的強盜劫掠文化。

殖民北美開始時與土著似是互相認識了解並友善地交換物資。了解過後，便逐漸演變成掠奪資源土地殺人滅族，原來數千萬土著人口到最後只剩下不到百萬。之後更有歷史學家洗白說是外來殖民者帶入了如天花病毒等疾病令人口銳減。如果是這樣的話那滿清入關碰到天花病毒便也應該滅族。在醫療衛生環境極差的中世紀歐洲，因黑死病死亡人口只佔約五成，並沒有如北美土著般滅族。況且北美土地遼闊，土著亦擅用草藥，北美的生存環境要比歐洲好得多。

因外來白人殖民帶來新病毒細菌導致近乎滅族的所謂「學

術說法」，更似是為滔天罪行的歷史洗白。

澳紐原住民劫後餘生的人口比例與北美亦差不多。

殖民、掠奪資源，以武力強迫通商。入超太多茶葉、絲綢、瓷器後，不願付真金白銀而強行用鴉片貿易毒害別國人民，結果引發鴉片戰爭。官商一體海盜劫掠的傳統令蹂躪毒害屠殺別國人民於不顧。

盜竊中國瓷器生產技術，盜竊中國茶樹到南亞大量廣泛種植，儘管起始質量低劣，卻鼓勵西方改變飲茶習慣加糖加奶令中國原產茶葉難以競爭，難以再出口原來獨佔的世界市場。南亞茶葉產量大到歐美市場難以消化才鼓勵殖民地人民飲用茶葉。

卻在二戰之後聯合西方諸國有 1949 年的「巴黎統籌委員會」與 1994 年蘇聯解體後的「瓦森納協定」對華全面技術封鎖。鐵定要將華人永遠鎖定在經濟工業生產鏈條的最底端。

英國工運領袖與政論家托馬斯．約瑟夫．唐寧（Thomas Joseph Dunning 1799-1873）在 1860 年 *Trades' Unions and Strikes: Their Philosophy and Intention*（《工聯與罷工》）中描述商業資本：「為了 100% 利潤，它就敢踐踏人間一切法律。有了 300% 利潤，它就敢犯任何罪行，甚至冒絞首的危險，如果動亂和紛爭能帶來利潤，它便會鼓勵動亂和紛爭。走私和販賣奴隸便是証明。」馬克思（1818-1883）《資本論》書中曾多次引述這書內容，包括以這精闢的描述作注腳。

雖然相隔百多年，細看現在唯一的超級大國，被寡頭資本操控下，自立國後在世界各地的所作所為，策動引發的多次紛爭動蕩戰亂，更覺這商業資本的描述是顛撲不破的道理。

如果百多年前對華的鴉片戰爭，強用鴉片換瓷器茶葉絲綢，不用付白銀，是西方商業寡頭壟斷資本結合政權對華欺凌與忽悠的開始，那之後百多年持續至今的忽悠劫掠打壓欺凌並無任何改變。如在世紀初，在大豆原生國忽悠了一些優良的野生大豆樣品，抽取良好基因重組後，大量生產並轉售給大豆原生國，打垮原生國的大豆種植。並不以為足，散播虛假消息操控大豆市場，令原生國的壓制豆油行業紛紛倒閉然後低價抄底收購接管，操控著原生國的大豆與搾油行業。

更不擇手段企圖操控別國的主糧生產如稻米，通過免費贈送或鼓勵走私基因改造如稻米種子，農民使用後會省掉很多繁重勞力工作與農藥肥料。但農地的微觀土壤生態從此會被改變，種植過基因改造農作物想改回種植天然農作物已然不可能。再要用基因改造農作物種子，便需要不斷付費購買，每次播種都要付費購買，就算是改行不做農業耕作，日常食用購買農作物也已是間接付費。

手法猶如個人電腦「視窗」軟件操控壟斷電腦作業系統市場一樣，因費用高昂，開始時用戶都很輕易不需付費便能使用「盜版」，十年不到市場被完全佔領、依附作業系統的其它軟件生態亦已發展茁壯成熟，便斷絕「盜版」並全面收費。用戶想擺脫已是不可能，市場上亦已沒有類似的競爭對手產品可供用戶選擇。

科學是一種學問、認知與態度，科技、工具技術是科學形而下的產物，很多時是因為商業化催生出現，出現之後便必需要開發市場被使用才能回收成本與獲利。

科學、科技能改善人類的生活，但科技的發展更多是為戰爭的需要。商業製造的武器不能不銷售使用，以回收資源的投入與獲利。亦因此二戰以來戰爭仍然不斷，最主要戰爭發起者與武器銷售者亦是科技最先進的全球唯一超級霸權。

核彈也是「科學」產物，但當戰勝在望仍要強行投擲兩顆核彈似是野蠻暴力，視戰敗國人民生命如草芥，為觀測新武器的實際使用情況、「試刀」般的殺戮行為。還嘲笑推諉說日本人電報溝通含糊引致誤會以為是拒絕投降才導致投擲第二顆。

1945 年向日本實地投擲兩顆核彈。但戰後實爆核試、氫試並沒有停止過，沒有敵人戰場可以投擲試驗便投到太平洋島嶼，似是「野蠻未開化」之地、無關重要、別「人」的家園。1946 至 1955 年在太平洋島嶼馬紹爾群島比堅尼環礁，強迫原住民遷離千百年世代家園，轉到附近島嶼居住。然後罔顧輻射對原住民的身體健康影響進行多次核試、氫試。令原住民痛失世代家園外，還要承受世代被輻射破壞種族身體健康之苦，是近乎滅頂之災。

1945 年日本兩顆核彈可以避免的話，便不會有馬紹爾群島比堅尼環礁的核試、氫試。日本不清晰的投降導致投擲兩枚核彈不可避免更似是藉口而已。

更將性感三點式泳衣命名為「比堅尼」泳衣，煽惑人們對「比堅尼」記憶的迷失與衝動，為比堅尼環礁的滔天罪行洗白。

北美早期的歐洲移民似可大致分為兩類，一是受政治宗教迫害希望能到新世界自由生活而移民，更多的是在原歐洲本土作奸犯科，或對生活不滿難以繼續，或是商業資本希望冒險尋找新機會、高回報，開發資源壟斷新市場而移民新世界。

新世界的建立表面是自由民主的新國度，暗裡卻是結合著商業暴利無所不用其極的資本主義暗黑勢力。

之後似是稍有理想的總統如林肯（1809-1865）、甘迺迪（1917-1963）被暗殺後亦會不了了之。

打著「民主自由」的口號與假象煽惑別國人民，令政治勢力多極化後容易挑起紛爭對立，操控或資助別國政治勢力導致可以影響政權更迭，從而達到經濟劫掠與經濟殖民目的。

二戰以前南美諸國大都是資源豐富，經濟蓬勃，人民生活安足的國家，但被超級大國多年的煽惑，自由民主政體下政局動蕩，政權更迭，被操控掠奪下現在大多似是在水深火熱之中。

打著「民主自由」旗號立國，卻從一開始便有法定奴隸制度奴役黑人，歧視有色人種，到 1865 年法例廢除黑奴，但直到 20 世紀 60 年代，交通工具上仍黑白分座，黑人青年上大學仍遭受種種歧視阻攔。

沒有從殖民地勞役別國與經濟掠奪，歐美一般人民亦很難在近百年可以有中產小資生活，狄更斯年代英國的童工似是明証。

1944 年二戰終結前，「布列頓森林協定」徹底推翻了原宗主國的國際金融貨幣中心地位，以美元作為國際貨幣體系中心，是承諾可以以 35 美元兌換一盎司黃金的「美金」時代。

隨著之後挑起多場地區戰爭與視承諾如廢紙下，美元被濫發並不斷貶值，「布列頓森林協定」終於在 1973 年破產，「美金」時代結束。

之後便是耍弄政治與中東主要產油國協定世界各國只能以美元購買石油的「油元」時代開始，亦是美元霸權時代的開始。

油元時代亦是美元霸權鼎盛的時代，操控著全球金融，是可以簡單地以沒有黃金支撐的美元紙幣換取別國辛勞血汗生產的實物，還可將自身的經濟危機、通脹轉嫁給別國，劫掠別國的經濟資源。但有得必有失，產業亦隨之轉移到海外讓別人替自己生產，導致自身產業空心化與產生天文數字般的債務與貿易赤字。

憑著超強的科技力量、軍事力量、美元霸權、國際輿論的話語權，穩坐在全球產業鏈技術的最頂端，並堅決要不擇手段永久掌控全球，勞役與經濟掠奪全球。

軍事霸權是在全球佈置著數百個軍事基地，控制著全球主要航道，有稍有想維護自身本國權益而影響其不合理霸權的都會被顛覆、被推翻，甚至被軍事武力消滅。

自從 18 世紀美國獨立戰爭後，便視原來宗主國是最大對手，一直密謀計畫扳倒原來宗主國，支持英國在歐洲的對手如德法，煽惑英國的海外殖民地獨立，終於二戰後成功取代英國。

之後冷戰視軍備武器裝備相若的蘇聯為最大對手，多方設法圍堵、忽悠，最後和平演變令對手瓦解，並同時成功經濟劫掠。

現在，有著世界五分之一人口，經濟科技在崛起發展中的中國便被視為最大可能超越自己的對手。儘管還沒有武力行動軍事戰爭，但軍事武力威嚇以外，全方位的超限戰，針對中國、華人的貿易戰、金融戰、科技戰、生化戰、輿論戰等等已然展開，似是不成功將對手打垮肢解、經濟掠奪，成功轉嫁自身經濟危機前不會停手，很可能是在有生之年也不會看到有終結的一天。

為了發動這場不體面的超限戰，可以不顧國格，前所未有地讓一個不學無術的商業無賴上場當總統。

要一個擁有超級科技、武力、金融霸權、表面民主自由制度先進、被寡頭資本背後操控的政權放棄習慣了數十年的劫掠、操控、欺凌與經濟殖民別國的行為猶如癡人說夢。國際間的道德水平似比人際間的要低劣得多，似是完全血淋淋的叢林法則，先進科技便是決勝的利器。

所謂民主國家的「民意」亦可以被操弄。當伊拉克聲稱會以歐元取代美元作為本國石油買賣結算貨幣時，便遭誣衊擁有大殺傷力武器，並被武力入侵推翻政權，至今仍是處於水深火熱之中。事前所謂「民意調查」居然有過半數人支持。無他，利益與情緒是操控民意的關鍵，謊言重複千遍也可以成為真理。民眾潛意識內心深處似已然明白侵略欺凌之後會有經濟利益，不了解誤解亦易產生厭惡，所以民調支持開戰入侵並不意外。

商業寡頭壟斷資本操控著超級霸權的政治，並以尖端的科技操控著全球不同行業，包括糧食、能源、通訊、交通等各方面。

表面科學化尖端化的醫藥行業亦是其中一項。

1999 年，美國政府解密部分二戰時文件揭露，二戰時日本在中國東北利用大量活人研究「細菌戰」的 731 部隊犯下滔天罪行，頭目石井四郎於日本戰敗後並沒被追究戰爭責任。與美國政府談判後，交出研究報告並被秘密特赦與移居美國，擔任馬利蘭州德特里克堡（Fort Detrick，Maryland）美國最大生化戰研究基地的高級顧問。美國從未停止過生化戰的研究。

核互毀導致大國之間的熱戰變得不太可能，似亦因此、作為聯合國《禁止生物武器公約》的締約國，卻在 2001 年拒絕參與或簽署《公約核查議定書草案》，為生化戰病毒戰暗地裡作好準備，拒絕核查與退出公約並無太大分別。2020 年 6 月亦單獨拒絕世界衛生組織檢查研究美國本土新冠病毒的源起與發展情況。儘管世界各國都同意被檢查，希望能查出新冠病毒的源頭真相。2020 年 7 月美國宣佈退出世界衛生組織，更似是徹底避免被查究追責的可能。生化戰病毒戰對人口龐大密集的國家更為有效，新的目標對手已是不言而喻。

蘇聯解體後，更在世界各地與俄羅斯旁獨聯體國家建立多個生化研究實驗室形成包圍圈。

事實是美國自身亦有解密記錄多年來從沒停止在人類活體進行生化試驗，早期例子如 1933 年利用黑人活體作梅毒治療試驗，令被試受害者禍延後代。

挾持著全球最尖端的基因科技與生化科技，是完全可以不動聲色地向對手發起生化戰、病毒戰、細菌戰。

「政治沒有偶然，時間亦非巧合。」

猶如愛滋病發生於美國就同性戀合法化立法之際，瘋牛症發生令英國牛肉出口中斷多年，非洲伊波拉病毒發生於中非政治經濟合作密切時期。

1997 年香港回歸發生禽流感，2003 年發生沙士疫症。2019 年中美貿易戰，大陸罷買大豆豬肉，豆粕是豬主要飼料，並改從東歐俄國進口豬肉，非洲豬瘟便似從有多個美國生化實驗室的獨聯體國家傳入，令豬肉價格急升。2019 年末新冠病毒疫潮發生在中美貿易激戰之時，並是在大陸的交通樞紐、九省通衢的武漢。

對華全方位敵對打壓的超限戰已然展開，按照歷史對大英帝國與前蘇聯的手段與鍥而不捨地不計年月的戰略堅持，再加上這次更是關乎自身生死存亡、債務赤字能否轉嫁、能否繼續用紙幣換實物、能否繼續壟斷高科技、能否繼續維持在產業鏈的最頂端、能否永續霸權等等。似是會更不擇手段全方位滲透顛覆破壞，不達目的不會罷休。這亦是現在世界動亂的根源。

八、中醫整體治療與病毒戰

對於中醫或普通市民，如果沒有媒體的高調報導與標籤為疫症，新冠病毒肺炎與一般外感流感並無太大分別，為何要這樣高調揭開？並標籤為疫症？美國近年似有更多流感或類流感與肺炎病患的死亡個案，更有似為遮掩病因病原而只稱是「白肺病」的肺炎個案。為何不研究比較其中那一類病原病毒感染率死亡率更高？並標籤為疫症？

網上數據顯示全球肺炎、下呼吸道感染死亡率在近 20 年急升，包括北美、東南亞，香港算是醫療條件先進的城市亦升約一倍。排除並非細菌性病原，亦並不似是傳統流感病毒所致，因為在近 20 年，西方醫藥壟斷寡頭已大力推廣流感預防疫苗，並聲稱流感會不斷演化，預防疫苗亦需要更新，所以每年都需從新接種。醫藥壟斷寡頭對流感或類流感的致病病毒都會有密切監測，以便更新預防疫苗。排除是傳統流感病毒的話，更似是冠狀病毒等類流感病毒引致類流感症狀的肺炎或下呼吸道感染。

亦即是說，過去 20 年全球性急增的肺炎與下呼吸道死亡率，似是傳統流感病毒以外的冠狀病毒或其它類流感病毒所致。而密切關注流感或類流感致病病毒病原的醫藥寡頭疫苗生產廠商亦應該知悉，但從沒公佈。

這次在全國交通運輸中心武漢稍有感染者便馬上被檢測病原，並馬上公開並被標籤為疫埠更似是一政治事件。

類似這次新冠病毒疫潮不會是最後的一次，全國性的停擺防疫更似是一場防禦生化戰的預習，亦只有這樣才能有力地防止被國際標籤與指控為疫症的起源與散播者，與平息民眾的恐慌。

現實是冠狀病毒似是已一早散播世界各地，指責與誇大在武漢爆發的冠狀病毒感染為疫症引發的民眾恐慌，亦因世界各地都有感染者而瞬間散發全球。

原來歐美專家早已判定是類流感，理論上是完全可以通過群體免疫解決。但西醫藥對治症狀摧毀人體免疫機能近百年後，群體免疫已變得毫無意義，因為大部分人會被感染成為無症狀帶病毒者，對疫情的驚恐鬱悶與大幅感染檢測令更多原來無症狀者發病，發病被對治症狀的西醫藥治療亦令更多體弱病人肝腎衰竭而亡，令死亡率增加。

如之前所述，流感或類流感病毒演化迅速，預防疫苗的效用成疑。冠狀病毒、或新冠病毒只會像流感病毒一樣，感染著大部分人群而沒有明顯症狀。

亦只有中醫藥整體治療才可以徹底治愈流感、類流感、或冠狀病毒肺炎，並提升人體免疫力。按照我建議的方劑，是完全可以治愈新冠病毒肺炎，無論是輕症、中度、或重症受感染者。

祈望中醫學術在今後類似的疫潮會更被認可，能更廣泛、更有療效地發揮應有的作用。

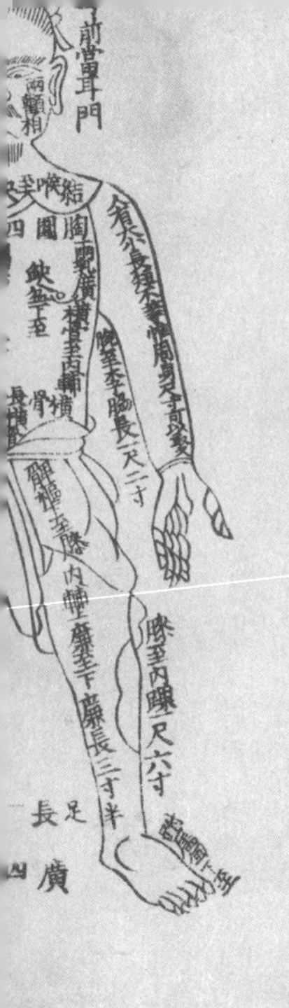

第十七章

中醫的現狀與展望

儘管中醫治療在中港臺三地都被規管在法定醫療體系之中，但卻似是處於一個近乎可有可無的擺設狀態。

一、可有可無的擺設，猶如傳統武術在現代擂臺被一擊即潰

在香港本土，並沒有聽過有邀請或容許中醫參與新冠病毒疫症的治療。似是中醫治療水平所限，亦似是業界自身亦沒有足夠信心。近日、2020 年 5 月聽過有業界新進翹楚在大氣傳媒清談節目上不太肯定地說中醫藥治療似只能對輕症有效等話語。

中醫普遍水平低下、療效參差、差強人意，並不確切可靠，連自身對治療的信心也不大，在疫症期間沒有被倚靠信賴也是理所當然。只有輕症或慢性病才會看中醫，西醫診斷為絕症無藥可治的也會碰碰運氣試試中醫，一般急症重症都不會「冒險」看中醫。但遺憾地大部分中醫業者都似是欣然接受這樣的現狀，遇到稍有急難、束手無策、難以忽悠的疾患，都會建議病人先看西醫。處境猶如傳統武術怕一上現代擂臺接受考驗便會被一擊即潰般。

常見的忽悠如病人反映燥熱便認作陰虛火旺建議服六味地黃丸，常覺倦便斷為濕重祛濕，動輒忽悠病人說中醫藥調理身體見效慢，要治療數月才會有感覺有好轉跡象等等。

之前曾提過**中醫療效的兩個檢定標準。慢性病患身體整體勢態長期失衡，病人雖已適應習慣，但猶如在沙漠中缺水久渴般狀態，對証的中醫治療一開始似是將長期失衡勢態馬上稍稍逆轉，病人感覺會猶如久旱逢甘露般受用。另一標準是能否兩三帖至三數帖藥間令外感高熱咳嗽肺炎等病患緩解治愈**，亦即是能否有效治愈流感肺炎或新冠肺炎或外感病毒性肺炎，對於傳統中醫病原為何種病毒並不重要，重要的是身體的總體病理反應規律。外感傳變迅速，如能快速有效地對証治愈外感在六經的傳變，那便是達到標準，亦猶如在擂臺上獲勝過關，是一個入了門合格有療效「開悟後」的中醫，對各樣奇難雜症都會有療效。

儘管普遍水平低下、療效參差，但政治正確地、矛盾地，大家都似是希望中醫藥能夠有所發展，中港政府政策上亦似是要投放資源，加大力度發展。海內外有識之士與諸多病患亦似對中醫藥寄以厚望，希望如果能有多個選擇，如果治療是標本兼治，藥物又是天然草本……

奈何中醫普遍療效參差，待遇亦相對低微，並不容易能吸引社會精英知識分子參與發展。

這亦是一個惡性循環，被使用越少，人才加入越少，便更難有好發展，隨著時間遷移，不再作為的話，儘管有萬千祈望，中醫學術很可能會不斷萎縮下去。

二、中醫的教學

香港的中醫教學與國內接近，也是用國內的統一教材。臺灣卻似是沿用清代太醫院編撰的《醫宗金鑑》與其它古典著作與一些西醫基礎教材。可能國內教材會更現代化與全面化一些。

古代的中醫教學大多是師徒制，老師指導學生背誦經典，了解藥性，為老師侍診，從而了解熟習面對病人時臨床診斷與治療制定方藥等實際操作。在老師認可辨証論治水平已成熟下，或為老師代診甚至出師自己執業行醫。其中辨証論治的水平是療效好壞的主要關鍵，學醫者業醫者能否應用所學中醫學術宏觀簡樸抽象的整體原則，正確地剖析病人複雜細緻實在的証候症狀，並能制訂對証有效的治療方藥？

這亦似是導致自古至今數千年在幅員廣闊、人口眾多的中華大地上，習醫者業醫者眾，但真正有療效成名並流傳至今者相對不多的原因。

國內制訂的現代統一教材似也是重點針對這點，怎樣在現代的教學課堂上令學員能較好地掌握「辨証論治」。如在內外婦兒等臨床學科教材中，都會為每一疾病病目系統地分出不同的常見的人體整體証候類型，並列舉出詳細的治療理法方藥與變症的藥物加減，要求學員記誦熟習並臨床時能應用發揮，似是希望學員能由「認証論治」、「識証論治」演變到有能力「辨証論治」。

但實際操作時書本上細緻的証候分型與面對病人的現實狀況常是千差萬別，就算是完全一致吻合並應用教材指定的方藥治療亦常無療效。想起一位頗著名的針灸學教授講述自己最後選擇以針灸為主要治療手段的原因。這是一位很有自信的中醫業者，深信自己為病人處方用藥完全符合教科書教導辨証論治與理法方藥的要求，但往往並無療效，令他很失望，懷疑很可能是藥物、中藥飲片質量與藥效的問題，而這亦並非他自己個人可以控制改變的，所以到最後他選擇放棄方藥，不以開方用藥為主，選擇以針灸治療為主，方藥治療為補充。

三、針灸與方藥

儘管在中華大地遠古人類探索治療身體的過程中，可能用砭石、針刺等治療會早於用湯藥治療。但中醫學術發展自古至今是以方藥為主，針灸為副。也有說法是「一針二灸三方藥」認為針灸最重要，是並不真確與難以被認同的。

經絡穴位是中醫學術偉大的貢獻，源起過程仍是一個謎，至近代仍有誤會經絡是實質性的血脈，但經絡穴位更似是人體機能上功能上的線路與定位。針刺入身體、艾灸灼傷表皮都會令身體免疫系統誤以為有外敵入侵並進入應激狀態，如果病患並不複雜嚴重，都會有療效甚至治愈。何況加上細緻分別經絡穴位聯絡臟腑全身機能的指引，治療得法療效往往會令人驚訝。目睹過針灸高手遠端治療，針刺病人上半身時並施行補瀉手法，病者下半身有功能障礙的肢體已能稍作移動。但「針無補法」，免疫系統每次因針灸而起的應激動作對人體都是一種損耗，適當滋養的飲食當然也可以彌補。

古代藥物珍貴，在偏僻邊遠地方更可能是稀缺不全，針灸、刮痧、推拿按摩等不用花費藥物的治療變得更有需要。從經濟節省角度「一針二灸三方藥」是完全正確，從中醫學術與治療角度卻並非如此，湯藥方劑才是中醫學術的主流。按病患需要，能加速治療效果時針藥並用、互相補足才是最好的做法。

針灸亦是古代戰場士兵常用的治療手段，亦是因為簡便廉宜，能減低藥物的需要。有只刺手足四肢穴位的簡易針法，似是為士兵或一般並非業醫者只需要認識手足穴位，便可以自我治療或互相治療的簡易版針灸療法。金元時期一些官員亦似是針灸大師。

熟習現代統一教材，基本上能對中醫學術自古至今的演變有大概全面的了解是非常重要。儘管遵照教材治療效果並不佳，只是因為沒有認知與突顯出中醫學術的核心精要。**如能了解認知到核心精要，提綱挈領，那自古至今的學術演變、不同**

流派、現代教材臨床各科的詳細証型分類理法方藥等等都可以在核心精要提綱挈領下為我所用，在治療中發揮作用，得到應有的療效。

四、中醫與國運

上世紀六七十年代有說「國運興，圍棋也興」，當時中國作為圍棋的原生國，水平還是遠遠不如日本，經過數十年的努力，現在水平已拋離日本，但仍是難以完全超越韓國，原因似是心理質素與拼勁努力仍有差距。中國是圍棋的原生國，卻是日本數百年的沉迷與努力將古代圍棋合理地演變發展成現代圍棋，為圍棋發展立下了永不磨滅的功績。中國人是高智商族群之一、人口眾多，隨著經濟發展生活質素提升圍棋興盛成績優越不足為奇。美國儘管圍棋水平並不高，因為沒有這樣的傳統。但近年中國棋手在世界賽成績達到頂峰之際，美國的圍棋人工智能阿爾法狗突然出現盡殲中日韓人類頂尖高手。

這亦似是政治事件，「政治沒有偶然，時間亦非巧合」。所謂「大國崛起」、「圍棋復興」似是被嘲諷為徒勞，因為科學技術方面仍有大差距。

我認為以圍棋盛衰比喻國運並不貼切，遠遠不如以中醫盛衰比喻國運甚至是人類命運真切。應該是「中醫興，國運也興，人類命運也興」。

如果有朝一日，中醫普遍水準能合理地、如其所以然地提高至應有水平。所有中醫都能有效快速地治療外感疾病，包括溫病、瘟疫、病毒性肺炎、流感，從而大幅減少因為外感疾病失治誤治引發的各類慢性病、奇難雜症，如免疫系統病態亢奮引發的諸多疾病、高血壓、肝炎、糖尿病等等。

如果有朝一日，中醫藥治療體系真正成為大中華地區，與部分第三世界或發展中國家的法定主流醫療體系之一。

如果有朝一日，中醫原生國能成功制訂中藥飲片與濃縮中藥的國際標準。

如果有朝一日，受過正式大學訓練的中醫業者們都能掌握中醫學術的核心精要，並普遍都有好療效下，中醫藥治療體系被各國採納成為法定醫學體系之一，令病患者們有多個選擇，並能平衡西醫藥寡頭的壟斷。

如果有朝一日，中藥飲片能在全球氣候土壤適宜的地方被栽種與被廣泛應用。

如果有朝一日，國內的西醫藥醫療利益集團能放下利害關係，欣賞尊重自身民族傳統的中醫學術，並能相互有益有建設性地互動互補與為病患者服務。

如果有朝一日，人人都有正確的症狀、正氣、免疫機能、身體健康等概念。我們不需要懼怕症狀，我們不需要被忽悠到人人時刻戴口罩，我們不需要封城隔離限聚。我們可以正常生活，如過去億萬年般，與大氣中的病毒病邪和平共處。因為我們的抵抗力、免疫力已恢復健康正常有效，並沒有再被只對治症狀治標不治本的蹩腳治療削弱摧毀。因為就算受到感染，我們的中醫治療體系完全可以迅速有效地治療並治愈，無論是外感、流感、沙士、瘟疫、新冠病毒等所謂高傳染性高毒性疾病。

如果有朝一日，我們不怕對手搞生化戰病毒戰栽贓嫁禍並能重拾國際話語權。不怕，是因為受病毒感染病患者都能很快很有效地被一般中醫治愈。能重拾話語權是因為中醫療效已提升至應有水平。大部分都市疾病如病毒性疾病、免疫系統病態亢奮或低下所衍生疾病等等都可以通過一般中醫治療達到標本兼治的效果。並有更多不同的國家願意將中醫治療納入法定的醫療體系。

那將會是**「中醫興盛，中華文化也興盛，國運也必然興盛」。人類健康也會有更好前景。**

中醫如能復興，為國際接受，亦似是代表現代人類單向聚焦發展科技大潮的稍稍回歸與擴闊反思。

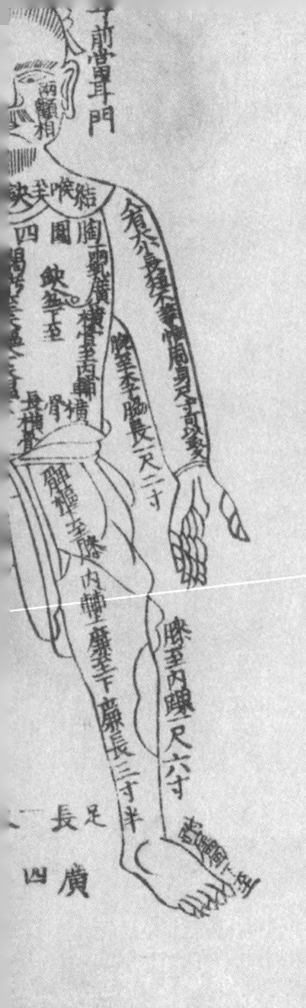

第十八章

為何到最後，還是需要中醫

有幸出生於戰後上世紀 50 年代末，那時候香港經濟仍然未算發達，一般人的生活並不富裕，但那時代的食物食材大多仍是自然種植飼養生產。人們無論貧富都能享受到食物的真味原味。

食物支出佔收入比例亦較現今為高，當時南北匯集經營食肆的都會竭盡所能令食物製作價廉物美吸引客人，亦能因自身的敬業樂業所得回報合理地生活。那時候香港是真的「美食天堂」。但隨著科技發展、經濟發展，地價飆升，貧富懸殊，一般人的美食天堂已然不再。

似是自上世紀約 90 年代，食物的質量味道已開始大幅改變，食物食材工業化生產已是勢不可擋，基因種植令農作物更便宜。食物支出佔收入比例大幅降低，一般食肆經營更多心思似是放在怎樣應付昂貴的租金上，已不太有預算與心力去講究食物原味。

一、科技寡頭的壟斷與操控

科學種植飼養、基因種植、藥物激素催生的家禽漁農養殖、食物添加等等，令食物質素大不如前。現在一般人已很難吃到上世紀 90 年代前的雞鴨鵝、豬牛羊、魚蝦蟹、瓜菜水果等等的原來味道。

科技生產、基因種植亦摧毀了原來大自然的生態。如果社會的人口數字是寡頭壟斷資本與政客們所謂經濟發展增長的動力要素，那科技生產、基因種植等等工業化生產價格廉宜的「食物食材」，便是對促進與維持這社會人口數字高速增長的投入。

而這工業化生產食物食材的「科技」是操控掌握在商業壟斷資本寡頭手上，商業壟斷資本寡頭更操控著政治。種植過基因農作物的大地微觀生態已然改變，不可以「復耕」自然農作物種子，只能繼續種植基因改造農作物，每次耕種，種子都需向商業寡頭壟斷資本購買。

人口增長越快越多，工業生產食物、基因種植需求亦越大，發展越快。

二、日益急速膨脹的全球醫療市場

龐大的社會人口數字的醫療支出亦是天文數字般的市場。**微觀科技針對症狀治標不治本的主流醫療體系削弱人體的抵抗力、免疫力、自愈力，打開了人體對大氣微生物防禦之門，令人體更易受大氣微生物感染互動而衍生出無窮無盡、千變萬化、離奇複雜的奇難雜症**。亦同時無盡地擴大了商業寡頭壟斷資本、治標不治本的西醫藥治療市場。

如果我們看到微觀科技、工業生產、基因改造似是解決了一些「問題」，令我們日常生活所需更廉宜更方便，也會看到是犧牲著原來大自然環境，令我們生存的地球大地的整體宏觀生態陷入萬劫不復、污染破碎的境地之中。西醫藥治療人體的微觀科技，似是能解決減輕症狀的痛苦，但亦同時摧毀了人體整體先天本具的自療自愈與防衛免疫能力，令病原病毒更易無症狀地深入體內，並衍生出各種各樣的奇難雜症。

人類基因是億萬年生存在大自然中，人體不斷適應演化的內在印記與表現，維持著人體恆定穩態的持續演化。嘗試改變人體基因作「疾病治療」實在是匪夷所思。基因改造的食物已是令到食物原味蕩然無存，破壞土地大自然的微觀生態。人造化學味素令假味食物、茶葉等等在人們不知不覺間充斥日常生活各處。微觀科技治療與基因改造技術應用到人體治療，只能是打開另一個更大的潘多拉盒子，對人體造成治標不治本般更大的破壞。

我們不知道是否一定需要人工智能、太空科技、基因技術等等，但我們似更需要是使地球大地環境回復自然健康的科技，改善人類自然生存環境的科技，重新獲取清新空氣與自然水源的科技，令人們能重回享有自然食物的科技。我們不需要為政治經濟原因而擴大人口數目，卻需要有順應人體自療自愈如中醫學術般的醫療體系，令人自身體質免疫機能回復正常完整，貴精不貴多地令每一個存活的人能生活與發揮發展得更好，令人類與大地萬物更能和諧共處。

我們不會樂意看到在不知不覺間陷於政治被寡頭壟斷資本操控、糧食被操控、能源被操控、航道被操控、訊息被操控、日常生活被科技操控，身體健康亦被對治症狀治標不治本的蹩腳科學醫藥治療操控的困境。

三、中醫整體治療，恢復完整的免疫機能

如果我們相信人類自數以十億年前從無機元素至有機蛋白至單細胞演化而成複雜難解的人體，人體亦演化出難以想像強大無盡的自我修復能力，與大氣中微生物、病毒等和平共處的能力。而數千年的中醫學術，正是在我們狀態不佳病患時，協助恢復與調動人體巨大無盡自我修復能力的醫學學術。我們更應該繼續努力發展沒被資本寡頭操控的中醫學術，提高中醫的治療水平。更多採用中醫治療，發揮發展人體自身本具的自療自愈能力，與大自然大氣中微生物和平共存互相適應、相互演化的能力。而**不是用微觀對抗式針對症狀的治療，令身體的抵抗力、免疫力支離破碎，亦不是治標不治本地輕易手術切除身體器官組織，更不是只顧目前短視地消滅病原，但同時破壞大自然總體的生態平衡。**

科學技術被不科學、不適當地應用不能算是科學、或科學理性的行為。

科學的藥物、科學的手術儀器被無知地、不顧身體本能意願地用於壓抑身體症狀，亦不能算是「科學」的醫學治療。漠視人類身體億萬年複雜難解的演化，與本能對疾病強大的自療自愈能力，在只有數百年有限稚嫩的「科學」認知下，越俎代庖地用藥物壓抑症狀、壓制身體自我治療，打亂人體內在的生化反應，甚至切割身體器官等等。都似是野蠻無知地使用「科學」，違反造物者的自然演化法則，胡亂治療身體的所謂「醫學」。

我並不是反科學與民族主義者。

如果不是在一個中西文化交匯的地方出生成長接受教育，我不太可能可以從中西文化融合的角度去學習與反思中醫學術，亦不可能領悟到中醫學術的實質內涵與其發揮人體自然本能巨大自療自愈能力的偉大療效。

我非常贊成文化交流，16、17 世紀傳教士翻譯傳統儒家經典與民貴君輕的思想，令歐洲人意識到神權與君權並非必然，並促成了啟蒙時代與之後追求民主自由與個人意識的醒覺。

沒有西方科技與文化衝擊，亦很難可以看到傳統中國封建農業社會能在近百年間改變成為現代社會。

但隨著人類文明進步，歷史文化的演進應該是可以少一些叢林血腥，多一些平等人道。

科技文化亦應該是改善人們生存生活的工具，不應該成為壟斷資本寡頭操控政權與掠奪奴役一般人民或別國人民的工具。

但似已是一條不歸路，科技是最有效操控與掠奪的工具，現在各國都不斷地在科技發展上競爭，似是就算不想奴役掠奪別人，也希望不會被別人奴役掠奪。科技已是國際間血淋淋叢林法則中致勝生存的最有效利器，但卻不是能全面整體治療身體小宇宙的醫學。

如開始序中所說，中醫西醫應該各自發揮所長。

以大自然為本、以人為本、以人體本具的自愈能力為本的中醫學術以外，如果現代人們能多點了解與思考傳統中華文化，如「天人合一」追求人與大自然和平共處，「大同社會」追求人與人和平共處、互相扶持，「和而不同」追求人人都有按照自己的特質生活與發展才能的權利並能和平共處等等，人類的發展可能會平衡一些，世界亦會美好一些。

「反者，道之動。弱者，道之用。」似也是人類文化歷史的演化規律。我們可以順應大潮，成為壟斷資本寡頭或政經壟斷寡頭們與人工智能數字科技管理下的經濟生產要素，「享受」著治標不治本的醫療服務，維持著免疫機能被削弱摧毀後似是半生不死並不舒坦又無力擺脫的所謂「亞健康」或「亞亞健康」狀態，繼續我們的經濟產出。但當我們有另類的認知，我們便可以思考不同的選擇，並有不同的願景，過不一樣的生活。

為何到最後，還是需要中醫？

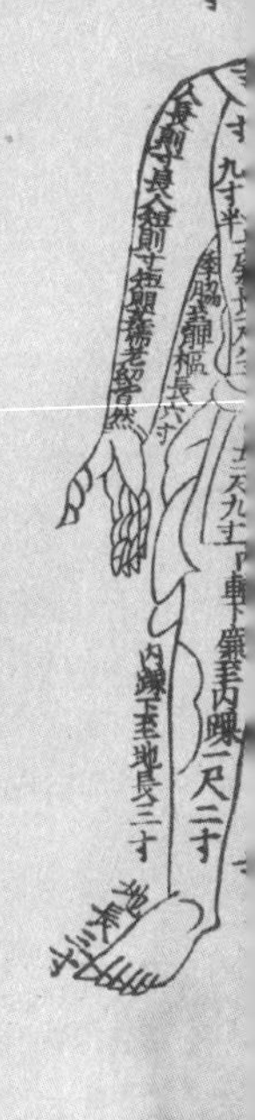

作者： 廖少明
設計： 4res
編輯： 青森文化編輯組

出版： 紅出版（青森文化）
地址：香港灣仔道133號卓凌中心11樓
出版計劃查詢電話：(852) 2540 7517
電郵：editor@red-publish.com
網址：http://www.red-publish.com

香港總經銷： 香港聯合書刊物流有限公司
台灣總經銷： 貿騰發賣股份有限公司
地址：新北市中和區立德街136號6樓
電話：(886) 2-8227-5988
網址：http://www.namode.com

出版日期： 2020年9月
ISBN： 978-988-8664-73-3
上架建議： 中醫／醫學
定價： 港幣100元正／新台幣400圓正